U0343519

英国住宅与居住环境

British Housing and Living Environment

——为新型城镇化建设而作

李凌云　王之芬　著

大连理工大学出版社

图书在版编目 (CIP) 数据

英国住宅与居住环境：为新型城镇化建设而作 / 李凌云 , 王之芬著 . —大连 : 大连理工大学出版社 , 2014.6

ISBN 978-7-5611-8338-0

Ⅰ . ①英… Ⅱ . ①李… ②王… Ⅲ . ①住宅—建筑设计—英国 Ⅳ . ① TU241

中国版本图书馆 CIP 数据核字 (2013) 第 282707 号

出版发行：大连理工大学出版社
　　　　　（地址：大连市软件园路 80 号 邮编：116023 ）
印　　　刷：利丰雅高印刷（深圳）有限公司
幅面尺寸：210mm×285mm
印　　张：9.5
插　　页：4
出版时间：2014 年 6 月第 1 版
印刷时间：2014 年 6 月第 1 次印刷
责任编辑：刘　蓉
责任校对：李　雪
封面设计：张　群

ISBN 978-7-5611-8338-0
定价：128.00 元

电话：0411-84708842
传真：0411-84701466
邮购：0411-84708943
E-mail:designbookdutp@gmail.com
URL:http://www.dutp.cn

如有质量问题请联系出版中心：（0411）84709246 84709043

序

英国是岛国，受外界影响较小，古迹保存相对完好，有利于建筑地方特色的形成和发展。

英国是最早完成工业革命的国家。在 18 世纪后期至 19 世纪末，英国经历了城市化的快速发展过程。到 20 世纪初，英国伦敦人口已达 200 万，成为当时世界上最大、最繁华的都市。英国城市由于工业的快速发展和人口的过度集中，曾一度空气和地下水严重污染，环境遭到严重破坏，人居环境恶劣。19 世纪 40 年代的英国曾被称为"污浊的四十年代"。然而，英国通过近百年的改造、建设，最终走出了困境。

现在，英国城市化程度很高，城市人口占其总人口的 80% 以上。英国人崇尚自然，大草坪、大花园、绿树、绿篱沿街展开，住宅也多为二、三层小楼。小楼掩映在绿树丛中，人住在画中，楼是画中景。英国城市美丽，街区漂亮，住宅舒适，处处风光如画。英国城市空气清新，人与自然和谐相处，人居环境令世界瞩目。

这是一本介绍英国住宅的书，从英国住宅的产生、发展，到住宅的环境、平面功能、立面造型、建筑技术等，从多个方面探讨英国住宅的特点。

中国正处在城市化进程快速发展时期，近十年中，城镇人口占总人口的比例提高了十几个百分点，在 2011 年，城镇人口占总人口的比例已经突破 50%。现在，中国计划到 2020 年，政府要再解决"约 1 亿进城常住的农业转移人口落户城镇；约 1 亿人口的城镇棚户区和城中村改造；约 1 亿人口在中西部地区的城镇化"等问题。建设更多优美、生态、环保、低碳、人性化、可持续发展的住宅，使城镇建设更加科学合理，是我们目前面临的现实任务。

"他山之石，可以攻玉"，希望本书能对那些在城镇化道路上探索和寻求解决方法的人们有所帮助；也希望那些热爱生活、想自己动手建设美好家园的人们能从中得到启发。

英国 0° 子午线雕塑

前　言

人居环境学（Science of Human Settlements）借用了希腊学者道萨迪斯（C.A.Doxiadis）的人类聚居环境学概念，后为联合国接受并沿用、推行 [1]。

1985 年 12 月 17 日，第 40 届联合国大会通过决议，为了反思人类居住状况和实现人人享有适当住房的权利，将每年 10 月的第一个星期一定为"世界人居日"。到 2013 年已经是第 28 个"世界人居日"了，从 1985 年到 2013 年从没间断过。

"为了使国际社会和各国政府对人类住区的发展和解决人居领域的各种问题给予充分的重视"，从 1989 年开始设立了"联合国人居奖"。

1992 年召开的联合国环境与发展大会是继 1972 年 6 月在瑞典斯德哥尔摩召开的联合国人类环境会议之后，环境与发展领域中规模最大、级别最高的一次国际会议，有 183 个国家代表团、70 个国际组织的代表参加了会议，有 102 位国家元首或政府首脑到会讲话，中国国务院总理也应邀出席了首脑会议，并发表了重要讲话。会议通过了《21 世纪议程》，其中人类住区章节指出："人类住区工作的总目标是改善人类住区的社会、经济和环境质量和所有人，特别是城市和乡村贫民的生活和工作环境。"

1996 年 6 月在伊斯坦布尔召开了以"世界城市化进程中可持续发展的人居环境""人人应有适宜之住房" [1] 为议题的世界人居大会。

2012 年 8 月英国伦敦奥运会期间，香港凤凰卫视的工作人员住在伦敦南郊的里士满 (Richmond)，在会后的一次凤凰卫视《铿锵三人行》节目中，主持人谈到了英国的居住环境，"从卫视住所的每一扇窗望出去，处处都像是一幅幅油画"。蓝天白云下，绿草坪一望无际，几人粗的大树散布其间，投下大块树荫；花卉在草地上竞相开放，鸟儿在天空中自由翱翔，儿童在不远处玩耍；远处有河道，水禽在水面上嬉戏。主持人最后竟还说："如果陶渊明能活到今天，我猜也会移居英国吧。"英国的居住环境真的可以与陶渊明笔下的世外桃源相比吗？带着这个疑问，我们探讨了英国住宅。

英国伦敦桥

目　录

伦敦大笨钟

古城堡

第一章　英国住宅

一、英国住宅的形式分类

宅："住家的房屋，居住的地方，开辟的居住之处，居住"。

英国的住宅大多很老，都有几十甚至上百年的历史。英国由于是岛国，战乱相对较少，很多老建筑得以保存下来。英国的住宅文化是上百年历史的积淀。

英国住宅有个人建的，如老城区的老街道住宅，虽然一户挨着一户，但由于是个人建设，又几经翻建修改，因此建筑早已五花八门，各式各样，街道如同历史的橱窗，展示着各个年代不同风格的住宅；英国住宅也有集体建的，如工厂主为工人建的集体宿舍，这些宿舍中，有很多在上世纪五六十年代的旧房改造中已经被拆除了，现今保存下来的基本都是经过筛选后值得保留的；20世纪20年代之后，英国政府投资建设了大量公营住宅，公营住宅是在规划指导下，批量建设的，相互之间统一又协调。这些住宅以二、三层的联排、双拼住宅为主，都临街，都有院落，生活舒适又方便。

20世纪50年代中期到20世纪70年代中期，英国建了大量中、高层集合公寓，被称为英国近代居住建筑。在上世纪80年代中期到世纪之交的15年时间里，英国近代居住建筑在修复和再生行动中被大量拆除和改造，所剩无几，取而代之的是联排、双拼、独院住宅。

英国住宅跟中国现代住宅不同，以二、三层的低层为主，偶尔能见到三、四层的集合住宅，中高层公寓是很少见的（市中心高楼林立的多为公建，但也有少量公寓）。城市内二、三层的住宅遍地铺开，一家一户密密麻麻地排列着，"如同躺着的城市"。

我们暂将英国住宅归纳为以下几种：

（1）联排住宅

（2）双拼（联）住宅

（3）独院住宅

（4）平房住宅

（5）一、二层商店的联排住宅

（6）低、中、高层公寓

在英国，前五种住宅被称为英国传统住宅。英国百姓更倾向于住在独门独户加院落的传统住宅中，认为传统住宅是"接地气"的居住形式。

在英国，传统住宅是居住的主体形式，占住宅总量的80%以上。因此，传统住宅也是本书介绍的重点。英国公寓的平面布置、立面造型与中国住宅相似，多由低收入人群及有特殊需要的人群居住，占的比例相对较小（见图1-1），本书不做详细介绍。

图1-1　巴斯市多层公寓（卫星拍摄）

英国住宅在街区布置、院落组织、房间安排、造型的处理上，既注重适用性、舒适性、低碳运行、可持续发展，又注重美观，如画的景观遍布于生活的各个细节中，给人以美的享受。

二、英国住宅发展历程——田园的回归

（一）早期英国"古典风"特点的住宅

15 世纪末到 17 世纪初的英国住宅大多是庄园府邸和王室宫殿。

都铎王朝是英国最后一个封建王朝，其建筑风格是中世纪向文艺复兴时期过渡的风格，被称为都铎风格。都铎时期住宅出现了许多露木结构，建筑木构架半露在外面，木构架中间填充着灰泥砌的墙体，木构架外涂黑色漆，墙体外涂白色漆，形成鲜明的黑白对比，后来演变成露木装饰，极具民族特色。本书第五章介绍的切斯特（Chester）小城，其城内就有很多典型的都铎风格建筑。

17 世纪英国形成绝对君权后，王室宫殿代替了庄园府邸，领导了建筑潮流。当时正值资本主义萌芽时期，资产阶级借复兴古希腊、古罗马文化来弘扬资产阶级的思想和文化，庄园府邸、王室宫殿都采用复兴古希腊、古罗马风格，"建筑布局宏大，立面注重比例，建筑立面有着古典比例和细部"[2]，常使用塔楼、雉堞（古代在城墙上修筑的矮而短的墙，守城人借以掩护自己，泛指城墙）和垛口、烟囱来丰富立面（见图 1-2、图 1-3）。

图 1-2 古城堡一

图 1-3 古城堡二

詹姆士风格是指从詹姆士一世1603年登基,到詹姆士二世的女儿安妮女王1714年去世为止的那段时期的建筑风格。詹姆士风格的王室宫殿、庄园府邸直线条用得多些,建筑严谨庄重,对称布局,常采用镂空的屋顶水平护栏。

1666年,一场大火烧毁了伦敦市中心80%的建筑(那时建筑多为木结构)。火灾后第二年,伦敦政府发布了"再建法",并明确规定不能使用木结构建设房屋,要用当地产的粘土砖。

"再建法对建筑层数、高度、层高都加以限定",并要求形成统一、整齐的街景。根据"再建法"的要求,住宅以二、三层加坡顶的形式为主,并可视街道的重要程度适当加高,泰晤士河沿岸的住宅要求四层加坡顶(见图1-4)。现存的泰晤士河沿岸的老建筑几乎都是四层的(见图1-5)。

联排住宅是"由众多小地块连续排列形成的,一小块是一家(一至顶层只有一个家庭入住,临街开门),容易组织、排列,也容易实现整齐的街景"[4],当时被广泛应用。从那时起,伦敦便建造了大量的联排住宅。那时的联排住宅都是富裕的人居住,盖在皇家公园或林地的周边。现在,伦敦市中心的摄政公园、海德公园、肯辛顿公园周围还保留着大量那时建的联排住宅。

17世纪的联排住宅面向贵族和富裕阶层,多采用宫殿风格,庄严华丽,每户面宽都在7米到9米以上,一般都设有地下室、佣人房。后院是车马用房,后院后面有小巷,后院开门即与小巷相连。

面向内部道路的建筑物　　　面向其他道路的建筑物　　　面向主要道路和泰晤士河的建筑物

图1-4　1667年"再建法"对建筑层数、高度、层高都加以限定

图1-5　泰晤士河沿岸三、四层的老建筑

主人走前门，佣人及服务性事宜走后门。

乔治时期（指乔治一世 1714 年登基到乔治四世 1830 年退位为止的那段时期）的建筑仍主要是复兴古典风格。英法七年战争（1756 年—1763 年）后，由于英国是获胜方，而法国崇尚古罗马风格的建筑，英国就转而崇尚古希腊风格的建筑。该时期建筑的水平延展特征明显，注重细节上的推敲，线脚和细部有着"古希腊雕刻品的华美与精致"[2]。琢石台基、灰泥饰面，比例匀称、扶壁柱、方形窗，窗上是希腊风格的线脚，建筑立面采用古典三段式处理（见图 1-6、图 1-7）。那时，除复兴古希腊式风格，"巴洛克、帕拉迪奥式风格也被大量应用到英国住宅中"[2]。

图 1-6　乔治风格住宅

1700 年，英国伦敦人口为 49 万，到了 1800 年就达到了 95 万，18 世纪是英国的城市化时期，人们通过建设联排住宅为快速增长的人口提供住处。这一时期的联排住宅面向中产阶级，住宅形式趋于简朴，"联排住宅中心位置的三角楣饰和穹顶装饰逐渐被取消"[2]。古典比例和细部的联排住宅遍布乔治时期的街道，现在留存下来的也有不少。巴斯市的乔治时期的街道表现出高度统一性（见图 1-8），被当作英国最美的住宅街道保留至今，它的仿真缩小版出现在迪斯尼乐园的街道上。

图 1-7　巴斯市的乔治风格住宅

为打破平直道路的呆板，出现了弧形道路。巴斯市中心花园广场的由弧形联排住宅围合成的正圆形花园广场（见图 1-9）和半圆形大草坪就是那时最成功的代表，高度整齐的建筑围合出向心力极强的圆形动感空间，让人震撼（见图 1-10），由弧形路和直路相交形成的月牙路也一直沿用至今。

乔治四世（1820 年—1830 年）时期的住宅被称为华丽的威尔士亲王摄政风格，"因其对建筑华美的追求和大的投入而闻名，但乔治四世在位时间不长，因而对英国建筑风格影响不大"[3]。

1837 年，维多利亚登基，英国进入了维多利亚时代（1837 年—1901 年）。维多利亚时代的英国艺术思想活跃，出现过拉斐尔前派运动、唯美主义运动、新艺术运动、工艺美术运动等，这些都对原有的古典建筑体系提出

图 1-8　巴斯市的乔治时期建的街道表现出高度统一性

1. 圆形花园广场
2. 弧形联排住宅
3. 联排住宅后院

图 1-9　巴斯市中心圆形花园广场总图示意

图 1-10　联排住宅围合出向心力极强的圆形动感空间（卫星拍摄）

了质疑。"维多利亚时代建筑比乔治时代建筑更为流动丰富，散漫自由"[3]。从维多利亚时代的建筑上可以找到各种风格，如：古希腊、古罗马、文艺复兴、哥特式等，"个人主义、浪漫主义、传统风格交相辉映"[3]。其间出现了将这些风格融合起来的具有英国特色的折衷主义风格——安妮女王复兴式。

（二）劳动者阶层住进联排住宅

1. 最低标准联排住宅——条例住宅

19 世纪 30 年代英国完成了工业革命，为了改善城市环境和大量务工人员的居住状态，1848 年，英国政府制定了世界上最早的《公共卫生法》，1851 年制定了世界上最早的《住宅法》，1875 年，英国政府出台了以健康、卫生为基本出发点的《建筑条例》。

在《建筑条例》中，英国政府详细规定了联排住宅的最低建设基准，规定了每户的最小占地、面宽、层数及前院、后院的开放空间的大小（见图 1-11）。人们把按照《建筑条例》建设的住宅叫做"条例住宅"。

条例住宅面向广大工人阶层，最小面宽只有 4 米到 5 米，一层到两层，住宅有前院、后院，每户有独立的卫生间（最初，卫生间设在后院，后来经过改进，卫生间被移到了室内）。

虽然条例住宅的标准很低，但它却具有划时代的意义，从这时起，劳动者阶层从住集体宿舍，公用走廊、卫生间的居住方式，逐步向每个家庭都有独门独户加院落的联排住宅的居住方式转变。

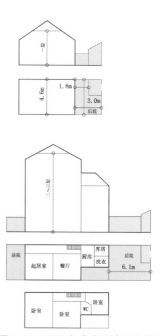

图 1-11　1875 年出台的建筑条例规定的建筑基准

2. 田园城市、田园郊外、田园生活

英国的工业革命使人口过度集中在大城市，再加上工业的快速发展，英国的大城市在 19 世纪 "污浊的四十年代" 时，大雾弥漫，瘟疫横行，城市污浊不堪。1858 年，伦敦整个夏天都臭气熏天。人们渴望呼吸新鲜空气，沐浴明媚阳光。这时，一些富裕的中产阶级搬到了郊区，到田园郊外过田园生活。

图 1-12　红房子[4]

1860 年，威廉·莫里斯参与设计的自住的红房子获得成功，成为中产阶级在城市郊外生活的理想家园。红房子的建筑造型、平面布置、家具陈设都采用复古中世纪风格，这符合当时人们对现实不满、怀旧的心理（见图 1-12）。红房子并不奢华，但它有院子，人们可以在家中享受园艺生活，并可以在家中开派对，这些都符合中产阶级对田园生活的向往。红房子作为工艺美术运动的起点被载入历史史册。

伦敦的贝德福德公园（Bedford Park）是那一时期在城市郊区建的符合中产阶级要求的居住区（见图 1-13、图 1-14），也是工艺美术运动的成功代表。

图 1-13　贝德福德公园街景一（卫星拍摄）

图 1-14　贝德福德公园街景二（卫星拍摄）

面对大城市环境的日趋恶化，英国一些开明的经营者把工厂搬到了农村，同时还配套建设了住宅、学校、商店、医院、教堂等，建立起很多远离大城市的 "模范工业村"。模范工业村又被称为 "资本主义乌托邦"[4]，满足了人们田园郊外的生活愿望。

19 世纪 60 到 70 年代，英国在模范工业村上做了许多探索，如伯明翰郊外的以生产巧克力为主业的包恩维尔村，利物浦郊外的以生产肥皂为主业的阳光港（Port Sunlight）等，后来这些地方都相继发展成了具有一定规模的市镇。

阳光港是当时模范工业村中成功的例子，并留存至今（见图 1-15～图 1-19）。阳光港当时总用地达 93 公顷，一共建了 900 户住宅，住宅面宽在 7.5 米到 9 米之间，户平均建筑面积约 150 平方米。阳

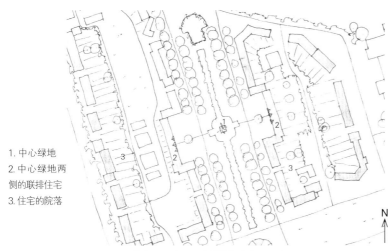

1. 中心绿地
2. 中心绿地两侧的联排住宅
3. 住宅的院落

N

图 1-15　阳光港中心绿地及周边联排住宅总图示意

图 1-16 阳光港中心绿地两侧的联排住宅（卫星拍摄）

图 1-17 阳光港绿地（卫星拍摄）

图 1-18 阳光港街景一（卫星拍摄）

图 1-19 阳光港街景二（卫星拍摄）

光港有集中绿地，有菜地，配套公用设施齐全。企业负责住宅的一切维护和管理，从业人员租住房屋。

两条林荫道围合出中间很大的中心绿地，林荫道两侧是复古中世纪风格的联排住宅。中心绿地两侧住宅正中为连续的三个三角山墙，成为建筑的视觉中心，同时对空间有统领作用。中心绿地周围的建筑前院没有围墙，每户前面的大草坪如同中心绿地的延续。

阳光港的住宅都有大的院落。住宅风格多样，有复古中世纪风格的乡村式，有都铎式，也有田园式。白墙黑瓦，白墙红瓦，红墙红瓦，在绿树、草坪的映衬下甚是好看。

1898 年，埃比尼泽·霍华德（Ebenezer Howard）发表了《明天——通往真正改革的和平之路》一书，书中提出了疏散伦敦中心工业区及人口到周边卫星城的田园城市理想。埃比尼泽·霍华德的田园思想被称为 20 世纪初的伟大发明，对英国城市规划和住宅建设有着深远的影响。

霍华德理想中的田园城市规模是 6000 英亩（约 2428 公顷），其中城市 1000 英亩（约 405 公顷）、农村 5000 英亩（约 2023 公顷），二者相结合（见图 1-20）。居住人口不超过 32000 人，其中 30000 人住在城市，2000 人住在农村。农村生产的农作物可以为城市居民生活提供食物，而城市居民的生活产生的废水和垃圾经过处理后可以作为农村农作物的肥料，城市与农村互补、共生，进入良性循环，城市可持续发展。

在田园城市中，人们可以同时享受都市生

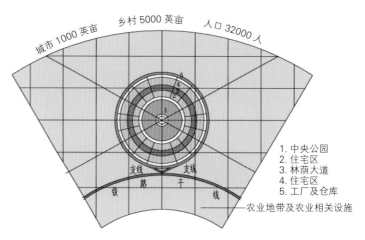

1. 中央公园
2. 住宅区
3. 林荫大道
4. 住宅区
5. 工厂及仓库
   农业地带及农业相关设施

图 1-20 埃比尼泽·霍华德的田园城市与农村地带示意图

活的便捷——电力，电信，煤气，供排水，便利的商业，配套的市政服务，医疗，学校，便捷的交通，以及回归自然的喜悦——在明媚的阳光下呼吸着清新的空气，欣赏着田园风光，过着舒适又方便的生活。

《明天——通往真正改革的和平之路》一书中还提到，多个田园城市的网状连接可形成社会都市，社会都市最高人口可以达到25万人。

在《明天——通往真正改革的和平之路》一书发表的第二年，英国成立了田园城市协会，以及田园城市股份有限公司[4]。1903年，第一个占地1800公顷的田园城市莱奇沃斯（Letchworth Garden City）开始着手建设，当时规划人口为3.3万人（见图1-21、图1-22）；1919年，第二个田园城市韦林（Welwyn Garden City）开始着手建设（见图1-23、图1-24）。这两个城市最大的特点是住宅边有大片绿地，每户住宅的院子都很大（即使没有围墙，门前的空间也很大），街道很宽，有非机动车道，机动车道与非机动车道间由绿化带分隔。集中设置城市配套及商业服务设施。韦林市中心南北向大块绿化带东侧是学校、活动中心、市政服务等公共设施，另一侧是住宅区。

雷蒙德·昂温于1907年设计的伦敦汉普斯特德居住区（见图1-25）"采用绿地与住宅相结合的设计手法来满足大众对田园生活的需要"[4]，成为了当时备受推崇的成功范例。在总结汉普斯特德居住区设计经验的基础上，1909年，英国制定了《住宅和城市规划法》，并提出《住宅城市规划法》的宗旨是让"家庭健全，住宅优美，街区富有情趣，城市充满活力，郊区清爽舒适"[4]。

总之，无论是个人、工厂主，还是各种组织机构、协会，英国全民都在行动，为改善居住条件、居住环境做着长期不懈的努力和探索，使英国城市建设、住宅建设向着既舒适，又艺术，还可持续的方向发展。

图1-21　田园城市莱奇沃斯街景一（卫星拍摄）

图1-22　田园城市莱奇沃斯街景二（卫星拍摄）

图1-23　田园城市韦林街景，市中心绿化带西侧住宅（卫星拍摄）

图1-24　田园城市韦林街景，市中心绿化带东侧公建（卫星拍摄）

图1-25　汉普斯特德居住区街景（卫星拍摄）

3．公营住宅大量建设

1919年，英国又在《住宅和城市规划法》中初次提出了"保证住宅供给是国家的责任"的观点[4]，确立了国家对住宅的辅助供给制度。1920年，英国发布了针对公营住宅建设的《住宅建设指南》，开始大量建设公营住宅，同时也拆除了大量的贫民窟。当时的公营住宅建设量很大，以曼彻斯特为例，每年公营住宅的建设总量都能占住宅总建设量的三分之二[5]。公营住宅以联排、双拼住宅为主。由于建设量大、建造速度快，出现了大片复制的住宅区，其中不乏单调、乏味的住宅区，但总的来说，公营住宅的质量还是能够得到基本保证的，从此，英国务工阶层的居住状况普遍得到很大提升。

曼彻斯特的卫星城威森肖（Wythenshawe）就是当时建设的，颇具代表性（见图1-26）。

格林尼治的韦尔霍尔团地（Well Hall Estate）的住宅采用复古中世纪乡村风格，街道采用圆弧形，曲线路两侧建筑三角山墙临街错落，步移景迁，被评为当时最受欢迎的街道景观之一（见图1-27～图1-29）。

爱德华七世时期（1901年—1910年）到两次世界大战期间，联排和双拼住宅被大量建设，保存至今的也有很多。

图1-26　曼彻斯特威森肖街景（卫星拍摄）

1900年到1918年间，英国建造了173万套住宅，联排住宅和双拼住宅占60.7%，其中联排住宅占46.2%，双拼住宅占14.5%；1919年到1939年间，英国建造了400万套住宅，联排住宅和双拼住宅占73.75%，其中联排住宅占27.5%，双拼住宅占46.25%，从这些数字中我们可以看出，从那时起，联排和双拼住宅就已经是英国住宅的主力军了[5]。

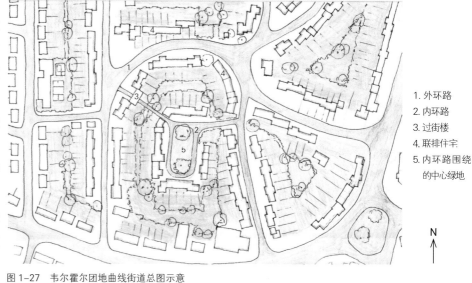

1．外环路
2．内环路
3．过街楼
4．联排住宅
5．内环路围绕的中心绿地

N

图1-27　韦尔霍尔团地曲线街道总图示意

图1-28　韦尔霍尔曲线街道（卫星拍摄）

图1-29　韦尔霍尔曲线街道，建筑三角山墙临街错落（卫星拍摄）

（三）近代居住建筑——"垂直田园城市"的兴起和没落

以柯布西耶为代表，主张"高度应用现代技术，建设超级街区，在广阔的绿地中建造高层公寓住宅——垂直田园城市"[4]，英国受此思想的影响，从1951年开始，鼓励建设近代居住建筑——"垂直田园城市"。马赛公寓是英国第一个实现"垂直田园城市"思想的建筑，它的设计建造时间是1952年。

从1955年到1976年，英国建设了大量的中层板式楼、高层公寓及由二者拼在一起形成的巨构建筑，如伦敦哈克尼区的霍利街（Hilly Street）住宅（见图1-30）、设菲尔德市的帕克希尔（Park Hill）住宅（见图1-31～图1-33），后来这些住宅被统称为"近代居住建筑"。据统计，到20世纪60年代末，"英国的住宅数量与家庭户数几乎达到同等水平"[4]。从1955年到1976年，英国共拆掉了近160万户的低层住宅，换上了高大的近代居住建筑，这些近代居住建筑多解决的是回迁居民的居住。

1968年，伦敦东郊罗南珀因特装配式公寓（Ronan Point）发生了燃气爆炸，导致24层大楼连锁倒塌（见图1-34）。人们检查了同类的装配式公寓，发现普遍存在偷工减料、劣质施工等问题，安全起见，英国对装配式公寓采取了大规模拆除行动，连续20年共拆除高层装配式公寓600栋。

人们开始关注近代居住建筑的安全、质量、舒适度，近代居住建筑的一些弊端也逐步显现出来。

住户们反映，住在近代居住建筑内，家家关门闭户，缺少交流。就拿帕克希尔住宅来说，长长的走廊方向感很强，但缺少凝聚力，场所感不强。住户们普遍反映，他们不能像住在地面街区那样交流，也无法享受到以前老街区的快乐。

管理部门抱怨，近代居住建筑管理困难。由于建筑规模太庞大，给管理造成了很大困难，电梯停电、住户断水等情况时有发生，入户诈骗、楼道打劫有时也不可避免。住户虽然住得很密集，但相互之间却很陌生，邻里之间没有照应，缺少人情味，居民没有安全感。

随着楼房的变旧，大楼在维护上也出现了问题。如前文提到的帕克希尔住宅，在使用了15年之后，维修屋面、上下水管道，更换电梯等事项的维修费用就高达3000万英磅。如果再考虑更换外墙装修、更换电

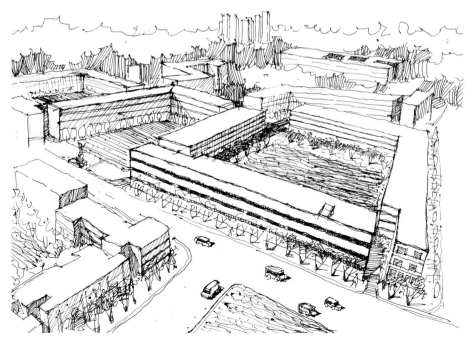

图1-30　霍利街住宅当年是巨构建筑

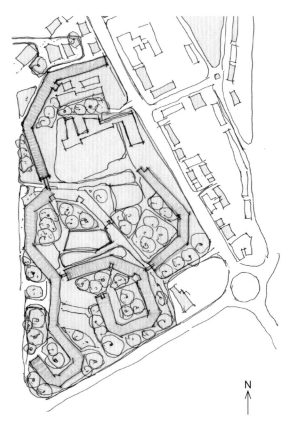

图 1-31　帕克希尔住宅总图示意

图 1-32　帕克希尔住宅东侧街景（卫星拍摄）

图 1-33　帕克希尔住宅西侧街景（卫星拍摄）

器原件，维修的清单就要再开出 1 亿英磅。这个数目对谁来说都不是一个小数字。建设时没有考虑维修、维护，往往会大大增加建筑使用的经济成本。

经过比较，很多英国人觉得自己还是更喜欢英国的传统住宅——联排、双拼、独院住宅，经济实力稍好的人开始陆续搬离近代居住建筑。慢慢地，近代居住建筑内聚集了一些低收入人群、无业人群，近代居住建筑的维护也更加艰难，进入恶性循环，甚至成为犯罪高发地。到 20 世纪 70 年代末，英国近代居住建筑已颇具争议。

20 世纪 70 年代后期，伦敦议会以"住宅建设的新方向"为议题对近代居住建筑进行了彻底的反思，最终做出了"高层化、工业化、综合开发事业（拆迁型再开发）是战后住宅政策的最大错误"[4] 的结论；并明确提出英国住宅要以中低层为主，要有明确领域感的外部空间，要保留街道、广场、小巷、住宅前后院等这些传统居住的外部空间，要一家一户独门独院，要努力实现低层联排式住宅的高密度开发。

图 1-34　罗南珀因特装配式公寓[4]

1985 年，地理学家艾利斯·科尔曼发表了近代居住建筑研究报告《乌托邦的审判：住宅规划的远景和现实》（*Utopia on Trial: Vision and Reality in Planned Housing*），报告中用大量事实和理性分析否定了英国近代居住建筑，提出了"回归英国传统居住模式，建设英国传统街道网络"[4] 的观点。

（四）传统居住模式的回归

20世纪80年代中期开始，在查尔斯王子的带领下，英国将传统社区的优点运用到近代居住建筑的修复和再生中，提出了"都市村庄"的理念，即在城市中建立可持续发展的社区，人们可以不出社区就完成商业采购、人与自然的交流、人与人的交流、行政管理等活动，人们可以轻松实现低碳生活的目标。

近代居住建筑的修复和再生是英国全国范围内的大规模的住宅整治工程，用了整整十五年的时间，拆除了大量高层公寓，例如，伯明翰市的卡斯尔维尔团地（Castle Vale）的34栋高层公寓，最后只有两栋被改造成老年公寓保留下来，其余32栋全部被拆除，换上了传统街区的联排住宅（见图1-35）。

住宅整治工程将有改造余地的中层板式楼改建成各家都独门独户的联排、双拼住宅，过高的部分"削掉"变矮，过长的部分"截断"变短，需要增加临街出入口的增加临街出入口。伦敦哈克尼区的霍利街住宅区就是按照这个原则进行改造的（见图1-36、图1-37）。

拆除了不方便并有安全隐患的集中停车场，在腾出来的地方补建上联排住宅。为使车行方便，提高车行效率，整治工程取消了一些不合理的尽端式道路，提升了道路的可通达性（见图1-38）。

经过15年的修复和

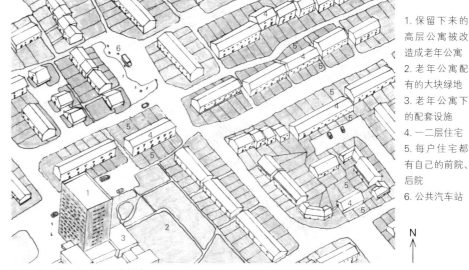

1. 保留下来的高层公寓被改造成老年公寓
2. 老年公寓配有的大块绿地
3. 老年公寓下的配套设施
4. 一二层住宅
5. 每户住宅都有自己的前院、后院
6. 公共汽车站

N↑

图1-35　卡斯尔维尔团地鸟瞰

图1-36　霍利街原中层板式楼公寓，过高的部分"削掉"变矮，过长的部分"截断"变短，变为低、多层联排住宅，此楼一层为集中车库，住户由二层入户，部分车库的屋顶花园利用为住户小院（卫星拍摄）

图1-37　霍利街住宅临街增加入口，变成独门独户联排住宅（卫星拍摄）

再生，到2000年，英国的居住面貌已大为改观，除市中心还保留一些运营相对较好的高层公寓（服务对象多是"少于三口人的小家庭"或有特殊功能要求的家庭）外，传统居住模式已经得到回归。

多切斯特小城西部的庞德伯里（Poundbury）社区是查尔斯王子践行"都市村庄"理念的新开发的住宅区。在庞德伯里一期工程、二期工程之间设有宽阔的绿化带，在绿化带尽端设小广场，广场周边设服务中心，如市政服务、医疗诊所、理发店等，商业服务中心设在住宅区中部，单独成区，采用围合布局，中间设停车场，供来采购的人们使用（见图1-39~图1-41）。庞德伯里的居民不用走出很远，就能解决生活上的一切事情，而且社区还提供了很多就业岗位。

庞德伯里采用曲线街道，街道注重空间开合、承转、对景等处理，建筑造型活泼亲切，色彩柔和，尺度宜人（见图1-42）。

1997年，"都市村庄"作为英国城市规划的理念被写入《城市规划法》。

纵观英国住宅的发展史会发现，"都市村庄"思想与埃比尼泽·霍华德的"田园城市"以及英国"田园郊外""田园生活"的思想是一脉相承、贯穿始终的。

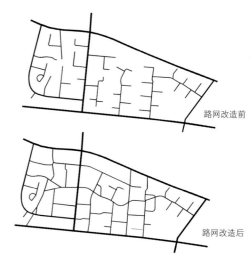

图1-38　居住区由尽端式道路改为可通达式道路[4]

虽然"垂直田园城市"思想使英国的住宅建设走了一段弯路，但英国及时反思，用了近二十年的时间纠正，最终使田园思想得到回归。

20世纪70年代后期，英国环境部门开始介入城市建设工作，对政府的规划进行修改和补充，强调了对环境的保护、改进及可持续发展。1999年，英国成立了建筑和城市环境委员会。2001年，英国发布了《住宅设计指导书》。上述文件对英国城市和乡镇的住宅、景观、环境建设起到了很大的作用。

自然景观是不断变化的，从20世纪80年代起英国就开始建立"景观评估制度"，并在90年代将该评估制度列入了英国的《城镇与乡村规划法》[7]。景观评估可以控制景观的变化方向，使各地景观各有特色，并向对人们有利的方向发展。国家、地方、地区以1:50000、1:25000或1:100000等不同的比例绘制环境特征评估图。根据1997年的调查统计，已有83%的英国郡实施了景观评估制度[7]。

2005年，英国有上万个社会福利、公益慈善机构，被称为"开发基金会"，它们都是住宅扩大再开发的机构，在税收、购地、办证、建设事宜中享受政府一系列的优惠，以非营利为目的（利润控制在4%到5%）[7]，在现今英国的住宅建设、街区建设、城市建设中起着重要的作用。

英国城市中的零散地块经过土地整理、完善配套设施（如提供水源、有机粪肥、加强管理）后，会租给愿意种菜的家庭，租金很少，满足了人们回归自然、"田园生活"的愿望。

英国在住宅建设中有一条主线，那就是"田园生活""田园郊外"和"田园城市"的理念，主张人是自然界的一员，与自然界和谐相处，低碳生活，可持续发展。

1.一期工程、二期工程之间的绿化带
2.小广场
3.商业服务区中间的停车场

N

图1-39　庞德伯里社区总图示意

图1-40　庞德伯里社区一期工程、二期工程之间的宽阔的绿化带（卫星拍摄）

图1-41　庞德伯里社区商业服务中心（卫星拍摄）

图1-42　庞德伯里社区建筑造型活泼亲切，尺度宜人，色彩柔和（卫星拍摄）

三、风景如画的传统

（一）风景式园林

风景式园林在 18 世纪的英国比较流行。圈地运动后，英国土地集中在少数统治精英手中。为了炫耀他们的财力和权力，创造永恒而宁静的景象，大土地主建造了一些风景式园林。

风景式园林的主要特点是形状不规则，开放式布局。一望无际的大草坪上，零星的树木被精心地布置其中，草坪中部有曲线形水体。草坪一直延伸到住宅，住宅如同长在草坪上一般，风景自然而秀美。

风景式园林里可以放养动物，食草性动物可以使植物保持低矮，同时还可以获得畜牧收益，一举两得。总之，风景式园林较古典几何式园林维护费用低。然而，风景式园林看似自然的背后，是兴建之初大规模的运土工程，有时费用也是很高昂的；为了追求意境和美感，有时还需迁移农户，迁走村庄，只有拥有大片土地的所有权，才有可能建造风景式园林。

18 世纪的英格兰有园林 4000 多座[8]，其中，风景式园林占大多数。兰斯洛特·布朗 (Lancelot Brown) 是风景式园林设计的代表人物，仅他自己就设计了不少于 200 座的风景式园林，牛津郡的布伦海姆（Blenheim）园林就出自布朗之手（见图 1-43~图 1-47）。

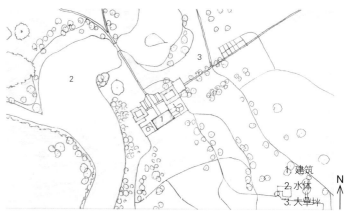

18 世纪后期，英国园林形式有所改变，园林规模变小，住宅周围的花园开始流行起来，制造业者的小型园林也开始委托专业人士来设计。英国园林的造园思想强调贴近自然，因地制宜，尊重环境内在的逻辑性，充分利用地形地貌，保持原有自然景观特色，浑然一体，宛若天成。

图 1-43　牛津郡的布伦海姆风景式园林总图示意

图 1-44　布伦海姆园林与建筑（卫星拍摄）

图1-46　牛津郡布伦海姆园林的曲线水体与草坪（卫星拍摄）

图1-45　牛津郡的布伦海姆风景式园林，一望天际的草坪，大树点缀其中（卫星拍摄）

图1-47　牛津郡布伦海姆园林的道路与草坪（卫星拍摄）

（二）景观与绘画

英国的景观是与绘画艺术紧密相连的。

如画的景观是指"在画面中看起来很好的景观"[8]。为使眼前看起来如画，人们甚至戴上了"克劳德"[8]眼镜，让景观看起来更有层次，色彩更好。如画景观注重空间层次的塑造，远景、中景、近景，步移景迁，动态体验。

图1-48　风景如画风格画作[8]

英国是资产阶级萌芽最早的国家，资产阶级思想活跃，追求自由平等，追求真善美统一，努力探求自然界各事物之间的联系。由于资产阶级萌芽初期生产力水平较低，农耕景象带着人类文明的痕迹首先引起了人们的注意，在充满生命力的以大自然为背景的画面中，人们赞美田园劳作，从中挖掘美，田园文学、田园诗歌就是那时产生的。人们去风景如画之地旅游，欣赏如画的风景，风景如画的绘画风格也是那时产生的（见图1-48）。英国的风景如画的绘画强调遗址的历史关联性，画中的人物多为牧羊人、乞丐、吉普赛人。

随着风景式园林的出现，如画景观逐步融入人们的生活，并很快风靡全国，成为英国独有的风格，并影响世界。现在，人们通常把融合了田园风光的，如同一幅美丽画卷的，带有艺术美感的景观称为风景如画景观，如：风景如画的建筑、风景如画的街道、风景如画的村庄等。

与风景如画景观对应的是浪漫如画景观。浪漫如画风格的绘画出现在英国的18世纪后期，它关注的多是冷峻的高山，坚硬的岩石（见图1-49），注重对自然界严谨和科学的观察。

如果说风景如画选择的是农村景观，表现的是如女人般柔美的草场、水体，浪漫如画选择的就是冷峻的高山，表现的是如男人般阳刚的地貌分类、岩石纹理。

图1-49　浪漫如画风格画作[8]

1757 年，埃德蒙·伯克（Edmund Burke）的《对崇高与美丽的理念之源的哲学探讨》（*A Philosophical Enquiry into the Origin of Our Idea of the Sublime Beautiful*）挖掘了英国审美思想的哲学基础。他认为，"人类的两个本能'自我繁殖和自我保护'是风景如画和浪漫如画审美产生的根源。自我繁殖与女人、柔美、平原等联系在一起；自我保护与男人、阳刚、高山、岩石联系在一起。"[8]

（三）安妮女王复兴式住宅

维多利亚时代的城市内出现了一些"纯功能性的砖石联排住宅"[3]，这种住宅除屋顶装上通气的烟囱，大门和窗有楣饰以外，其他的装饰很少。以二层加坡顶、方窗、清水砖墙、烟囱为特点，"使用传统材料、传统建造方式创造出简单而又符合居住需求的住宅"[3]（见第二章图 2-3 ~ 图 2-5）。

此时的市中心也经常会出现面向银行家和商人阶层的联排住宅，此类住宅细部有复兴古希腊风格的线脚、窗饰（见第二章图2-8）；在老街区，为了跟周围环境协调还盖有一些城堡式住宅（见第二章图2-16）；在乡村，由于建筑不受城市建筑设计方面上的束缚，出现了复兴中世纪风格的村舍住宅，颇受一些有钱的新贵们的喜爱。

随着社会财富的日益积累和科技的进步，英国的中产阶级不断壮大，对住宅及居住环境的探索实践也空前地积极和踊跃，于是在 1860 年前后，英国出现了安妮女王复兴式。安妮女王复兴式实际上与安妮女王（1702 年—1714 年在位）关系不大，只是一种叫法。安妮女王复兴式是多种风格融合、优化而形成的折衷主义风格，是富裕的中产阶级对"所有样式的装饰元素进行自由组合并创新运用"[9]的结果。它又分城堡型、农舍型、折衷式、古典式等，也可以说，那个时期所有"找不到出处的样式和风格都被归到了安妮女王复兴式"[9]。

安妮女王复兴式表现在大面积独院住宅（见第二章图 2-34~ 图 2-37）上的特点是：自由的平面布局，复杂的坡顶，正面突出的三角交叉山墙，瘦高的烟囱，单层门廊，图案式的封檐板装饰等。

安妮女王复兴式表现在乡村型住宅上的特点是：平面布局灵活，复兴中世纪风格的立面，立陡的三角交叉山墙，仿茅草质感的屋顶，像谷仓一样的尖塔，建筑造型活泼、丰富（见图 1-50、图 1-51）。

安妮女王复兴式表现在联排住宅和双拼住宅上的特点是：凸窗、门廊、富有装饰性的线脚、瘦高的白窗框配红墙（见第二章图 2-1、图 2-18）等折衷主义元素。联排和双拼住宅凸窗顶部常采用三角交叉山墙，有的三角交叉山墙连续出现，如波浪状起伏，成为建筑的亮点。三角交叉山墙内的装饰各异，有用彩色装饰块装饰的，有用瓦装饰的，有开窗的，也有用仿都铎风格的半露木线条装饰的。

私有的双拼住宅为了追求个性，并区别于公营住宅，住宅上装饰多，线脚、凸窗、三角山墙有着迷人的细部。

图 1-50　韦尔霍尔团地复兴中世纪风格住宅一（卫星拍摄）

图 1-51　韦尔霍尔团地复兴中世纪风格住宅二（卫星拍摄）

（四）风景如画的住宅

英国有风景如画传统。建筑不是孤立的个体，建筑如画不如建筑入画。建筑与周围环境协调共生，共同组成如画的风景。

埃比尼泽·霍华德提出"风景如画的自然环境，具有当地村庄特色风格的住宅，使之形成一幅美丽画卷的居住区"，回归田园生活，探索如画风景，这在英国已有上百年的历史。

贝德福德公园、阳光港、莱奇沃斯、韦尔霍尔团地是那个时代最美丽的田园城市建设实例，同时风景如画的街道、住宅也给了人们美的享受（见图1-52~图1-56）。

如果拿掉环境中的那些树木、草坪、门前的花卉、绿篱，再美的建筑也会逊色很多。缺少了植物和景色的搭配，一切都是枯燥、无趣、缺少生机的。安妮女王复兴式住宅是与环境结合形成的美丽住宅，走在由安妮女王复兴式住宅组成的街道上，如同走在一幅展开的水彩画中。

安妮女王复兴式住宅造型与大自然和谐对话，无论是坡顶、三角交叉山墙、老虎窗，还是凸起的烟囱，都与远山近树的造型相呼应；

建筑凸出在大面积草坪之上，挺拔向上，如同从草坪上长出的一般，大草坪成为建筑的背景。

从色彩上讲，安妮女王复兴式住宅的黑色屋顶、都铎风格的黑色木线条装饰都与远山呼应。红色、黄色的墙面，白色的窗户，白色的线脚与大片绿色背景一起组成美学中最亮丽的红、黄、白、绿色彩组合。

英国住宅尊重环境内在的逻辑性，注重保持自然景观的原有特色，环境是主角，建筑是配角，住宅为环境增色，住宅与环境共同形成如画的风景。

风景如画思想在英国有着广泛的群众基础，英国百姓每家门前、院内都会种上很多经过精心打理的植物，用于美化环境，烘托建筑。门口的吊兰、盆栽、墙上的爬墙虎都被用来装点家的门面。院内的花卉、草坪、景观树、作为院墙的绿篱、宅旁屋后的大树等都与建筑一同形成了美丽的风景。英国人崇尚自然，大草坪、大花园、绿树、绿篱沿街展开，二、三层的住宅掩映在绿树丛中（见图1-57），人住在画中，楼是画中景。风景如画是英国住宅建设、城市建设的一大特色。

英国历史久远，历经很多朝代，不同的社会、政治、人文背景下产生了不同的建筑时尚和建

图1-52 阳光港风景如画的住宅一（卫星拍摄）

图1-53 阳光港风景如画的住宅二（卫星拍摄）

图 1-54　韦尔霍尔团地风景如画的住宅一（卫星拍摄）

图 1-55　韦尔霍尔团地风景如画的住宅二（卫星拍摄）

图 1-56　莱奇沃思风景如画的住宅（卫星拍摄）

图 1-57　住宅掩映在绿树丛中，人住在画中，楼是画中景

筑风格。同时，英国是岛国，受外界影响相对较小，也使其能够完好保存古迹，有利于建筑地方特色的形成和发展。风景如画、都铎式、安妮女王复兴式等都是英国独有的建筑传统和建筑风格。

四、英国居住环境

（一）自然条件

英国位于北纬 50°～58°、东经 2°～西经 7°，地处欧洲西北部，由大不列颠岛、北爱尔兰和周围许多小岛（海外领地）组成，大不列颠岛又分为英格兰、苏格兰和威尔士三部分。

英国国土面积 244820 平方公里，人口 6240 万（2010 年统计），平均每平方公里 255 人，是一个人口密度比较大的国家。英国西北部多低山、高原，东南部为平原，英格兰位于英国东南部，有人口 5014 万（2004 年统计），平均每平方公里 379 人，是世界上人口密度最大的地区之一。首都伦敦位于英格兰东南部、泰晤士河沿岸，大伦敦面积约 1605 平方公里，有人口 700 多万（2007 年统计为 750 万，2010 年统计为 720 万），平均每平方公里 4500 人左右，伦敦是繁华的大都市。英国城市人口占其总人口数的 80% 还多。

英国由于受盛行西风的影响，属温带海洋性气候，全年温和湿润，四季寒暑变化不大，雨水丰沛，年降水量介于 1000 毫米到 1100 毫米之间，非常适合植物生长。

英国的原始森林覆盖率很低，只有 10% 左右，在欧洲排名靠后，但其城市绿化覆盖率非常高，仅伦敦绿化覆盖率就在 40% 以上，是世界上繁华大都市绿化覆盖率最高的城市之一。

（二）日照分析

英国是高纬度国家，太阳高度角、方位角、日照时间与低纬度地区有着很大的不同。

下面以北纬 55°为例进行说明（见图 1-58）。

假设英国纬度取 55°，$\varphi = 55°$，则英国太阳高度角、方位角的计算过程如下：

夏至日赤纬角 $\delta = 23°27'$，冬至日赤纬角 $\delta = -23°27'$，春秋分赤纬角 $\delta = 0°$

中午太阳高度角　　　　$h_s = 90° - (\varphi - \delta)$

夏至日　　　　　　　　$h_s = 90° - (55° - 23°27') = 58°27'$

春分日　　　　　　　　$h_s = 90° - (55° - 0°) = 35°$

冬至日	$h_s = 90° - (55° + 23°27') = 11°33'$	
日出日落方位角	$\cos A_s = \dfrac{-\sin\delta}{\cos\varphi}$	
夏至日	$\cos A_s = \dfrac{-\sin 23.45°}{\cos 55°}$	$A_s = 133.93°$
春分日	$\cos A_s = \dfrac{-\sin 0°}{\cos 55°}$	$A_s = 90°$
冬至日	$\cos A_s = \dfrac{-\sin(-23.45°)}{\cos 55°}$	$A_s = 46.07°$

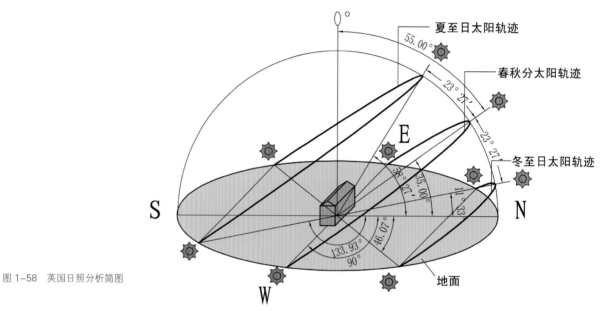

图 1-58　英国日照分析简图

夏至日正午 12 点时的太阳高度角是 58°27′，日出（日落）太阳方位角是 -133.93°（133.93°），日出时间大约是早上 3 点，日落时间大约是晚上 9 点，全天日照约 18 个小时。夏季太阳从东北角升起，西北角落下，日照时间很长，但同一时间的太阳高度角低于低纬度地区。

冬至日正午 12 点时的太阳高度角是 11°33′，日出（日落）太阳方位角是 -46.07°（46.07°），日出时间大约是上午 9 点，日落时间大约是下午 3 点，全天日照约 6 小时。冬季太阳从东南角升起，西南角落下，日照时间很短。同一时间的太阳高度角低于低纬度地区。

总之，英国位于高纬度地区（纬度同我国漠河地区），冬季日照时间很短，夏季日照时间虽然长，但太阳高度角很低。受盛行西风的影响，气候温暖湿润，适合植物生长。夏季由于太阳方位角大，早晚时建筑北侧有日照。

英国住宅南北朝向的很少，住宅多南偏东或偏西 45° 布置。在英国东西朝向的房子甚至要多于南北朝向的房子，英国住宅讲究双侧进光。

双侧进光有几大优势：首先，可以保证住宅内各房间都有日照，房间日照相对均匀，可以避免房间家具因阳光直射时间太长而遭到损害；其次，英国是街道住宅，一条街道双侧入户（即两侧都有人家），双侧进光可以保证一天之内各家门口都有日照，保证入户均好性；再有，双侧进光还可以保证双侧院内的植物都有日照，让植物均有好的长势。

英国住宅大多二、三层，市区街道宽度一般都在 17 米 ~25 米。7 米 ~10 米宽的道路，两侧设有 2 米 ~2.5 米宽的人行道，每家有 3 米 ~5 米进深的前院，住宅和住宅之间夹出 17 米 ~25 米的街道。做规划时，会把尽量多的地方留给住宅另一侧的后院，住宅街道宽度一般是英国住宅之间的最小距离。

（三）英国住宅街道的布置

英国的住宅街道大多双侧入户（即两侧都有人家），两栋住宅夹出中间的公用行车道路——街道，即一条行车道服务于两侧的建筑。双侧入户的街道可以有效地利用道路，节省道路造价，同时还能省出更多的地方留给住宅后院（见图1-59）。

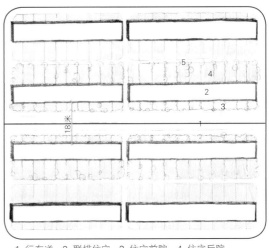

曼彻斯特的塞尔地区连接市级公路的主干路很长，几乎是南北走向的布鲁克兰兹大道（Brooklands Road）长度约1500米，这条路相对较宽，路两侧栽有树木，沿途设有社区公建和住宅，公建有内院可以停车；住宅一般都退后道路10米以上，形成很大的前院，住户的车都停放在院内。沿街住宅以独栋为主，住宅朝向几乎都是东西朝向，偏南有个小角度，街道双侧入户（见图1-60）。

1. 行车道 2. 联排住宅 3. 住宅前院 4. 住宅后院
5. 住宅后院间小巷

图1-59 双侧入户的住宅街道（红线示行车街道，临街住宅间距18米，行车道路宽7米，人行道2.5米，前院3米，街道另侧是住宅后院，后院间有小巷）

道路A6144是一条东西走向的干路，街道两侧住宅间距25米，行车道宽9米，两侧住宅南北朝向，以双拼住宅为主，院内停车。与A6144路连接的支路有很多，支路两侧的住宅以南偏东45°、南偏西45°的朝向为主（见图1-61）。支路两侧住宅间距18米~19米，路宽7米，路边可停一排车。

英国双侧入户的住宅街道形态丰富：矩形（见图1-62）（多是老住宅区），变形的矩形（见图1-63）、环形（见图1-64）、三角形（见图1-65）、月牙形（图1-67）、"8"字形（图1-68），这些路都是贯通路。

曼彻斯特塞尔地区最长的尽端路长200米（见图1-69）。

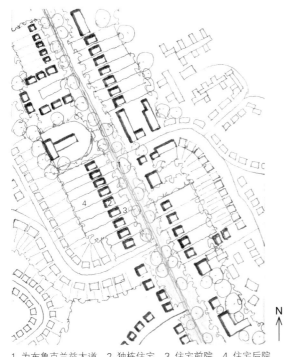

为了丰富街道形态，沿街经常能看到住宅围合成"U"字形内院。内院尽端设回车场（见图1-70）或围合成公共的中心绿地。曼彻斯特的威森肖联排住宅围合成"U"字形内院，内院中间有公共绿地（见图1-71）。

街道两侧有独院住宅、双拼住宅、联排住宅，在地图中可以清晰地看到每家每户前院、后院的分户情况。

韦尔霍尔团地的弧形街道围合成外环路，经两个支路进入内环路，内环路中间围合成集中绿地（见图1-72），为了增加空间效果，一条支路还做成了过街楼式（图1-73）。

平房住宅一般单独成区，常围合成"U"字形内院（见图1-74）。

有的长长的联排住宅后院间会有2米宽的小巷，小巷从联排住宅两侧的山墙处与大道相连，是各家运出垃圾的通道。这种情况在曼彻斯塞尔地区可以看到（见图1-75），在巴斯市老街区中更为普遍。

1. 为布鲁克兰兹大道 2. 独栋住宅 3. 住宅前院 4. 住宅后院

图1-60 布鲁克兰兹大道两侧栽有树木，住宅一般都退后道路10米以上，沿街住宅以独院为主

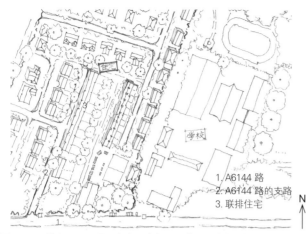

1. A6144 路
2. A6144 路的支路
3. 联排住宅

图 1-61　道路 A6144 是一条东西走向的干路，支路有很多

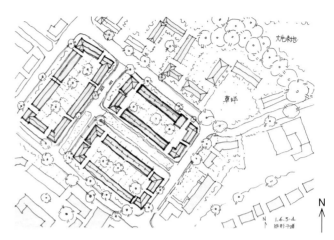

图 1-62　曼彻斯特塞尔地区矩形街道

图 1-63　巴斯市变形后的矩形街道

图 1-64　曼彻斯特威森肖环形街道

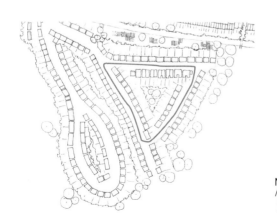

图 1-65　汉普斯特德居住区三角形街区

图 1-66　曼彻斯特塞尔地区联排住宅街景（路边停一排车）（卫星拍摄）

图 1-67　曼彻斯特塞尔地区月牙形街道

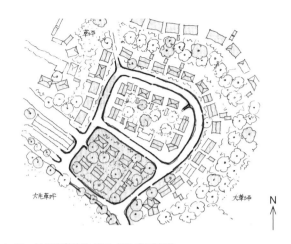

图 1-68　曼彻斯特塞尔地区 "8" 字形街道

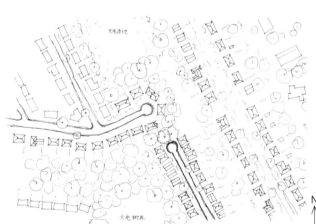

图 1-69　曼彻斯特塞尔地区尽端式街道

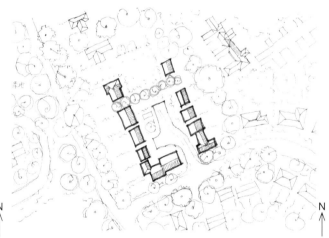

图 1-70　曼彻斯特塞尔地区住宅围合成 "U" 字形内院

图 1-71　曼彻斯特威森肖住宅围合成 "U" 字形内院街景（卫星拍摄）

图 1-72　韦尔霍尔团地内环路中间围合成集中绿地（卫星拍摄）

图 1-73　韦尔霍尔团地外环路进入内环路的一条支路为过街楼式（卫星拍摄）

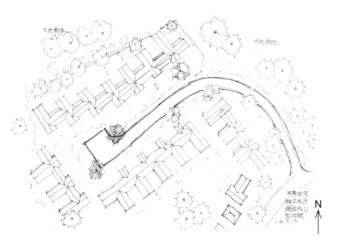

图 1-74　曼彻斯特塞尔地区平房住宅围合成"U"字形内院，内院设尽端路

1. 住宅　橙色为后院间小巷
3. 街道　4. 住宅前院　5. 住宅后院

图 1-75　曼彻斯特塞尔地区联排住宅后小巷与大道相连

（四）注重绿色开放空间的建立

1. 控制建筑密度

1875 年，《建筑条例》发布后，为了追求最多的户数，街道往往设计得很长（见图 1-76）；为了追求最大的建筑密度，住宅前后栋的距离都很近，建筑密度达到了每英亩 25 户 [4]（每公顷 50 户到 60 户，如果按每户 110 平方米计算，容积率为 0.679）。

后来，随着人们对居住质量要求的提高，以及城市向郊区的扩展，容积率有所降低，如前文提到的利物浦的阳光港，其93公顷用地中包括6.5公顷的花园用地，7.3公顷的菜园用地，住宅用地为57公顷，还有一些公建用地。在57公顷的住宅用地中建设了900户住宅，平均每户的建筑面积为150平方米，住宅用地内建筑容积率为0.24（绿地及菜园用地并没有包含在内）。

1920年，英国发布了针对公营住宅建设的《住宅建设指南》，规定道路覆盖率指标不得大于17%，公共绿色开放空间覆盖率不得小于50%，建筑密度为城市每英亩12户，郊区每英亩8户[4]，按每户建筑面积150平方米计算，在城市，用地容积率为0.445；在郊区，用地容积率为0.297。

20世纪50年代中期，对低、多层公寓规划指导建议的建筑密度指标是每公顷250人，如果按65户、每户建筑面积120平方米计算的话，用地容积率为0.78。

英国的近代居住建筑修复和再生时期（1985年—2000年前后），建筑密度控制指标是每公顷不超过150户[13]。可见英国一直都注重严格控制建筑密度、用地容积率及地块的使用人数。

2. 建立环城绿带和居民区绿色开放空间

20世纪初，英国生物学家帕特里克·盖迪斯（Patrick Geddes）发表了《演变中的城市》一书，书中提出"我们不仅要煤气和自来水，还要阳光和空气"，并提议在城市外围建5公里的绿带以解决城市生态问题。从这时起，英国在考虑城市问题时便增加了对生态问题的关注。

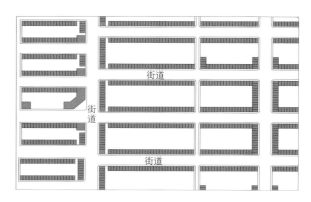

图1-76 住宅街道设计得很长，住宅前后栋距离很近

20世纪20年代初，地铁和铁路的快速发展促进了其沿线地带的带状发展，民间开发者取得了远离城市的低价用地，在城市周边建起了很多双拼住宅。为避免城市过度扩张及无序发展，英国政府于1945年发布了大伦敦规划。规划要求伦敦城外设6公里绿化带圈，在绿化带圈外设8个卫星城，以安置50万人口；改扩建伦敦周围原有的20座旧城，可安置20万人口[10]。大伦敦将有四层地域圈，四层地域圈由内而外的顺序是：内圈、近郊圈、绿化带圈、卫星城外圈（见图1-77），城市道路采用与城市中心老城区相协调的同心环路与放射路直交型。

此规划虽然后来有过一些修改，绿化带圈大小也有过小幅变动，但总体来说，伦敦城外的绿化带圈大部分还是保留了。

从那以后，其他城市也都把建立环城绿带作为城市建设的必选项。

英国每个居住区都至少会有一个大的绿化活动场地或公园，一般步行不会超过十分钟。绿地很大，有的甚至有七八个足球场的规模，绿地中间设足球

1. 内圈
2. 近郊圈
3. 绿化带圈
4. 田园城市卫星城外圈
5. 泰晤士河

图1-77 大伦敦规划示意图

场，边上设儿童游戏场，周围是高大的树木，或有河流环绕。在步行十分钟的距离内设立绿色开放空间，能够方便妇幼老少接触大自然，享受大自然赐予的阳光、空气、美景（见图1-78、图1-79）。

英国是现代足球运动的发源地。1863年，现代足球发源于剑桥大学的草坪上。现在，足球运动仍是英国人平时最喜欢的健身活动之一。居民每天下午下班后或周末休息时，都会到居民区绿地上踢足球，小到4到5岁的儿童，大到50岁以上的老人，可谓全民出动踢足球（见图1-80、图1-81）。

英国大多数家庭都养狗，人们每天都会来绿地遛狗，因此，草坪上设有专用的狗屎垃圾箱，人们会自觉地将狗屎收集起来并放进狗屎垃圾箱。

英国属于温带海洋性气候，夏季不热，冬季不冷，下雨较多，但多为阵雨，每周大约五天下雨两天晴天。对植物来说，这种天气如同人工浇水，所以草皮从不枯黄，花卉常年开放，空气清新湿润。

人们每天可以多次到居民区公共绿地上运动、呼吸新鲜空气，与大自然、动植物近距离接触。公共绿地可以改善城市环境，为市民提供休憩、交往、游赏的场所，同时，它还具有很高的生态价值，能够保证地方生物多样性，野生的小动物在这里很常见。维护公共绿地整体性、连续性和系统性是人和动植物和谐相处、大自然良性循环、有序发展的必要保障，也是人们身体健康、社会经济快速发展的基石，这一点在英国已达成共识。

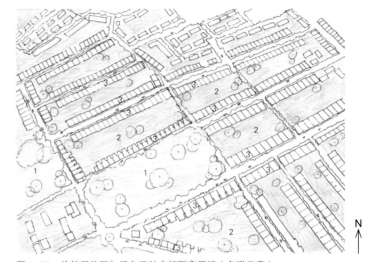

图1-78　伦敦居住区与绿色开放空间距离很近（鸟瞰示意）

1. 绿色开放空间
2. 住宅后院
3. 联排住宅

图1-79　居住区的绿色开放空间有七八个足球场大小

图 1-80　居民下午下班后或周末均来绿地踢足球　　　　图 1-81　老师会在绿地上给 4 到 5 岁的孩子做踢球示范

3. 注重生态优先和人性关怀

英国注重公共绿色开放空间的建立，这些绿色开放空间包括城市绿带、开放的皇家园林、居住区的公共绿地等。在绿色开放空间中，生态景观设计是贯彻始终的原则，并坚守"降低、再利用、再循环、可更新"的准则[7]。真正做到生态优先，低碳或零碳运行，全寿命周期计算成本。

建筑、园林设施与环境景观注重整体风格上的统一与协调，公园里很少有混凝土及砖砌体等人工雕琢的痕迹，花池、草坪与道路多由一个标高衔接，很少有路牙，也没有花池壁，花、草、树如同自然生长在那里一样。

各绿色开放空间均选用本土可再生的材料及设备设施，公园中的长椅、分隔边界的护栏多由本土木材制作而成，就连各空间的入口也都处理得简洁古朴，不张扬，不浮华，静静地融入周围环境中（见图 1-82）。

英国居民一般会收集雨水用于冲厕所、浇花，并尽量减少垃圾的产生和外运。"低碳或零碳运行，全寿命周期计算成本"不单要考虑经济成本，更重要的是考虑生态成本，从长远的眼光审视人类的行为，如果给自然界增加了负担，最终都要自己去埋单。生态思想在英国有广泛的群众基础。

在英国绿色开放空间中，人们经常能看到为纪念逝去的人而捐赠的椅子、新植的小树，上面插着卡片，摆着鲜花，寄托着人们的哀思，这是有英国特色的生态环保的丧葬文化（见图 1-83）。

图 1-82　伦敦郊外某住宅小区的入口，矮墙标志朴实无华。由大树组成的林荫道成为居住区的前奏，静谧、安详又生机勃勃，给人充满期待的独特享受。林荫道的终点是一个开敞绿地，围绕绿地的是非常优雅的住宅群。穿过林荫道，视觉上的封闭和开敞，给人明快、新奇的感觉

英国绿色开放空间的生态景观设计一般都要先经过详细的环境调查、生态调查，进行生态影响评估，进而描绘出景观总体规划和前景，提出管理与维护的长期方案[7]，保障绿色开放空间的良性运作与可持续发展。

每个开放空间都会有其各自的景观主题，而人性化的设计则贯穿始终。各大型绿色开放空间一般都会设立漫步道、自行车运动道，满足不同年龄段人的运动需求；设立集体野餐地、庆典场所、野外拓展空间[11]，满足各种人群开展活动的需求（见图1-85、图1-86）。

安全性是吸引人们到绿色开放空间活动的重要指标。英国公共绿色开放空间追求视线通透，避免视线死角，提高环境的安全性。英国公共绿色开放空间注重标识的清晰度，并积极控制各级别风险[11]。

英国公共绿色开放空间注重生态环境结构的完整性，促进生物物种的多样性，维持自然界的生态平衡。公共绿色开放空间内的野生动物很多，林子里经常可以看到小松鼠，草地上会有野兔出没，有时还会看到孔雀、野鸡在草丛中打盹。水面上水禽在悠哉地游动，天空中鸟儿在歌唱（见图1-87、图1-88）。

英国在绿色开放空间的管理上已有多年经验，各种制度健全且规范。各绿色开放空间都有专门的管理人员进行定期的维护和保养。政府出资，慈善机构捐赠，居民定期交卫生费，多方面的资金支持实现了生态环境的可持续发展。

图1-83　为纪念逝去的人而新植的小树

图1-84　小鸟之家

图1-85　人性化设计贯穿始终

图 1-86　公共绿色开放空间内人和野生动物和谐相处

图 1-87　水面上水禽在悠哉地游动

图 1-88　野鸡和孔雀在草丛中打盹儿

白金汉宫前广场雕像

第二章　英国住宅实例

一、联排住宅

图2-1所示为曼彻斯特市的联排住宅。一个开间，入口设门厅，总开间4.8米，进深12.1米，前院进深3.3米，后院进深7.2米，两层带坡顶，一栋联排10家。

住户内一部直跑楼梯顺着建筑进深方向连接一、二层。一层功能为起居厅、餐厅和厨房。起居厅内有较大的壁炉，虽然已不用壁炉取暖，但人们仍用木材、木炭装饰壁炉，近年来，有的人家还用视频燃烧火焰图像来营造温暖感，屋顶有烟囱与屋内壁炉相通。

起居厅不大，餐厅大小合适，两者连在一起，视觉通透，并不会让人感觉空间局促。厨房面积较大，厨房电器设备较多，各种精致漂亮的食品容器也很多，摆在外面也很亮眼。厨房内有吧台，可用作临时餐桌，平时可兼作操作台。厨房开门通向后院，在厨房一角有全自动洗衣机。

二层为卧室区。主卧室较大（18平方米左右），次卧较小（14平方米左右），书房更小（8平方米左右）。联系一、二层的直跑楼梯宽度仅0.8米。卫生间设在二楼，卫生间内设大便器、洗面盆、淋浴间，功能齐全。这里设计的巧妙之处在于，利用楼梯正对处，将卫生间墙切角，卫生间内形成135°交角，既不影响卫生间使用，又能保障走廊畅通，并扩大了书房空间。为保证卧室私密性，卧室门是反着开的。

楼梯下面和上面均可用作储藏。阁楼也用于储藏，用可伸缩的铝合金直爬楼梯上下，用时用钩子将楼梯放下，不用时将楼梯推至阁楼并封住入孔，轻巧方便；也有将阁楼改成卧室或书房的，并在坡屋顶上增开大窗。

起居厅采用凸窗，入户门上有漂亮的门楣。二层采用方窗，窗上装饰与入户门上装饰相协调。红色清水砖墙配白色门窗及门窗套，甚是醒目。

住宅有前院和后院，前院很小，有矮砖墙，小栅栏门。后院有小库房、菜地、垃圾桶及通向后部小巷的后门，后院围墙高约1.7米。住户临街门前停车。每户上下两层建筑面积共110平方米。

联排住宅实例另见图2-2~图2-17。

图2-1　联排住宅一（曼彻斯特）（110m²）　　　　　　　　　　　　　（a）

（b）

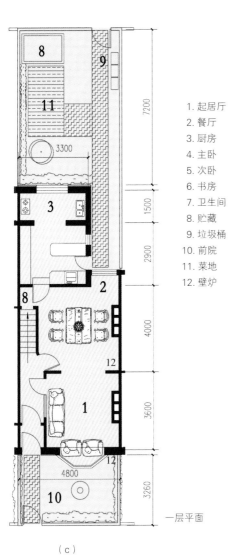

一层平面

（c）

1. 起居厅
2. 餐厅
3. 厨房
4. 主卧
5. 次卧
6. 书房
7. 卫生间
8. 贮藏
9. 垃圾桶
10. 前院
11. 菜地
12. 壁炉

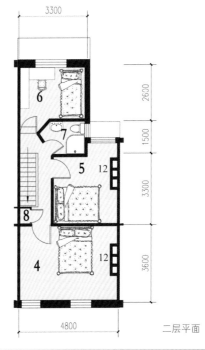

二层平面

（d）

（a）

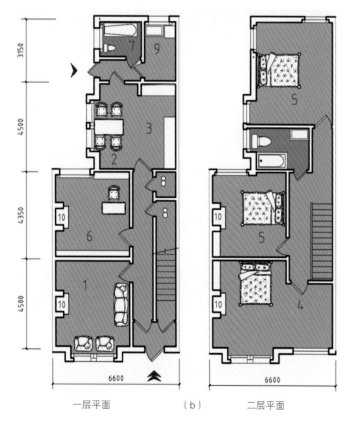

1. 起居厅

2. 餐厅

3. 厨房

4. 主卧

5. 次卧

6. 书房

7. 卫生间

8. 贮藏

9. 洗衣

10. 壁炉

临街入口

去后院的出口

一层平面　　　（b）　　二层平面

（c）

图2-2　联排住宅二〔剑桥〕(193m²)

（a）

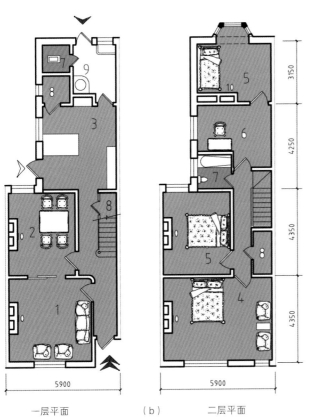

1. 起居厅
2. 餐厅
3. 厨房
4. 主卧
5. 次卧
6. 书房
7. 卫生间
8. 贮藏
9. 洗衣
⯅⯅ 临街入口
⯅ 去后院的出口

一层平面　　（b）　二层平面

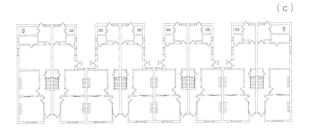

（c）

图2-3　联排住宅三（172m²）

（a）

1. 起居厅
2. 餐厅
3. 厨房
4. 主卧
5. 次卧
6. 书房
7. 卫生间
8. 贮藏
9. 洗衣
10. 壁炉

⟰ 临街入口

▲ 去后院的出口

一层平面　　　（b）　　　二层平面　　　　（c）

图2-4　联排住宅四（85m²）

（a）

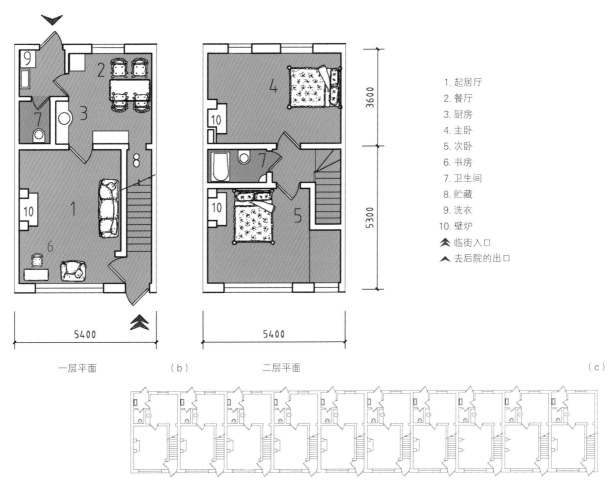

一层平面 （b）　　　二层平面 （c）

1. 起居厅
2. 餐厅
3. 厨房
4. 主卧
5. 次卧
6. 书房
7. 卫生间
8. 贮藏
9. 洗衣
10. 壁炉
⬆ 临街入口
⬆ 去后院的出口

图2-5 联排住宅五（99m²）

（a）

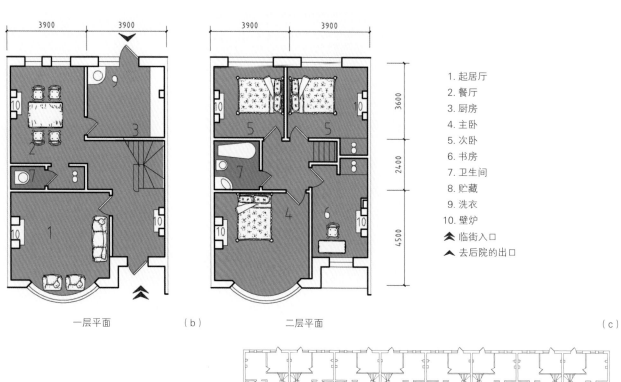

一层平面　　　　　（b）　　　　　二层平面　　　　　　　　　　　（c）

1. 起居厅
2. 餐厅
3. 厨房
4. 主卧
5. 次卧
6. 书房
7. 卫生间
8. 贮藏
9. 洗衣
10. 壁炉
☆ 临街入口
▲ 去后院的出口

图2-6　联排住宅六（170m²）

（a）

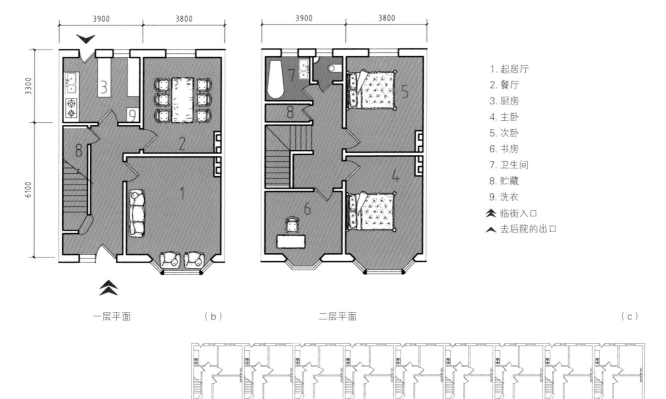

一层平面　　　　　　　（b）　　　　　　　二层平面　　　　　　　（c）

1. 起居厅
2. 餐厅
3. 厨房
4. 主卧
5. 次卧
6. 书房
7. 卫生间
8. 贮藏
9. 洗衣
⩓ 临街入口
⩕ 去后院的出口

图2-7　联排住宅七（150.5m²）

（a）

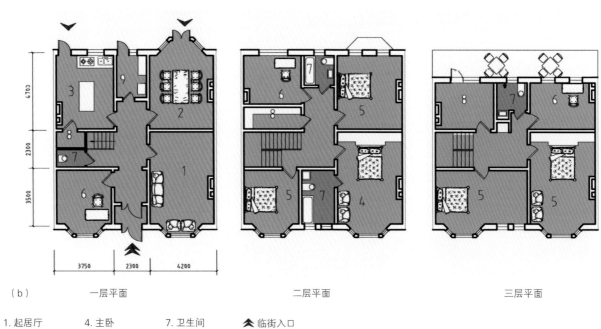

（b）　　　　　　一层平面　　　　　　　　　　二层平面　　　　　　　　　三层平面

1. 起居厅　　　4. 主卧　　　7. 卫生间　　　⬆ 临街入口
2. 餐厅　　　　5. 次卧　　　8. 贮藏　　　　▲ 去后院的
3. 厨房　　　　6. 书房　　　9. 洗衣　　　　　出口

（c）

图2-8　联排住宅八（325m²）

（a）

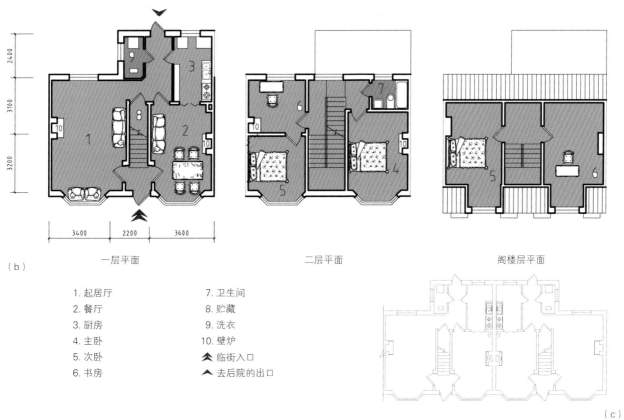

一层平面　　　　　　　二层平面　　　　　　　阁楼层平面

（b）

1. 起居厅　　　7. 卫生间
2. 餐厅　　　　8. 贮藏
3. 厨房　　　　9. 洗衣
4. 主卧　　　　10. 壁炉
5. 次卧　　　 ⬆ 临街入口
6. 书房　　　 ▲ 去后院的出口

（c）

图2-9　联排住宅九（183.5m²）

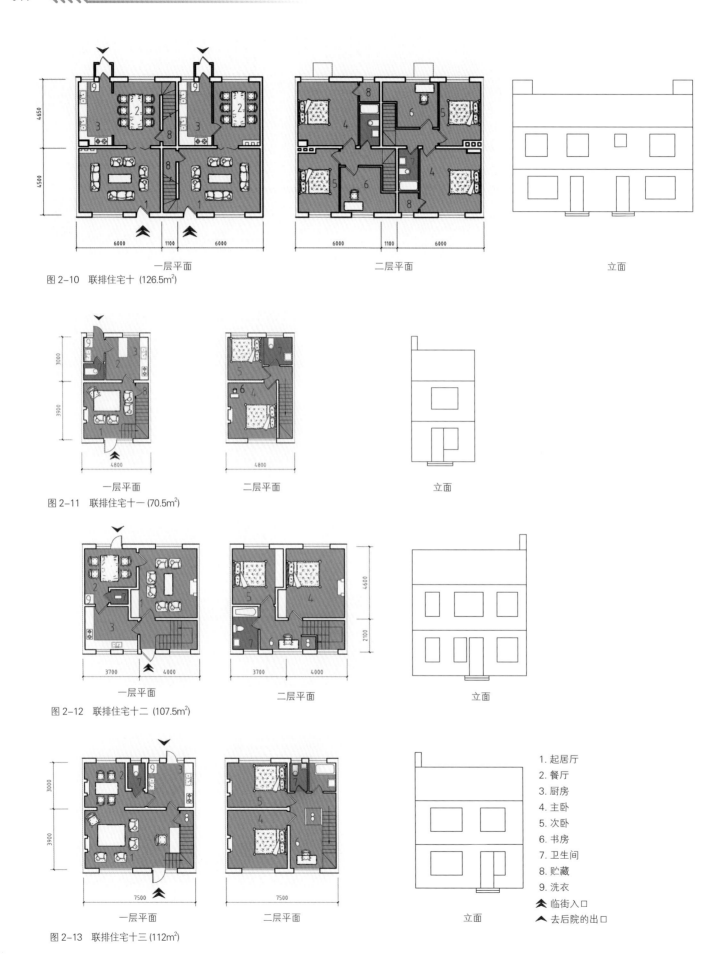

图 2-10 联排住宅十 (126.5m²)

一层平面　　二层平面　　立面

图 2-11 联排住宅十一 (70.5m²)

一层平面　　二层平面　　立面

图 2-12 联排住宅十二 (107.5m²)

一层平面　　二层平面　　立面

图 2-13 联排住宅十三 (112m²)

一层平面　　二层平面　　立面

1. 起居厅
2. 餐厅
3. 厨房
4. 主卧
5. 次卧
6. 书房
7. 卫生间
8. 贮藏
9. 洗衣
临街入口
去后院的出口

（a）

（b）

图 2-14 近年来新建的二、三层联排住宅

图2-15 联排住宅的分户墙在屋面升起450毫米，便于每户维护（伦敦）

图 2-16 城堡风格的联排住宅（剑桥）

图 2-17 门前有弧形道路的联排住宅（牛津街）

二、双拼（联）住宅

图 2-18 所示为二层双拼住宅，平面功能一层为起居厅、餐厅、厨房、过厅兼洗衣房，二层为卧室、书房和卫生间。临街开门，有门厅与起居室分开，厨房有通向后院的门。双拼住宅两家一栋，两家公用一个分户墙，每户有三面外墙，有前院、后院和侧院。

前院采用砖砌矮墙，私密性不强。后院有小库房、菜地、垃圾桶。住户侧院停车，上、下两层建筑面积共 150 平方米。一层起居厅和二层主卧室采用凸窗，凸窗顶部采用三角交叉山墙，白色涂料装饰，一、二层之间窗间墙采用白色涂料呼应。二层书房采用三角凸窗。

双拼住宅要比联排住宅条件好些，占地较大，侧院与后院相通，造型也丰富许多。

双拼住宅实例另见图 2-19~图 2-25。

近五十年来，随着家用小汽车的普及，住宅多设车库，为了不影响建筑主体布局，车库在住宅主体一侧单建，成为住宅和住宅之间的连接体，使住宅不同于传统的联排、双拼和独院住宅，我们把这种形式的住宅（见图 2-26、图 2-27）放在双拼（联）住宅内。

（a）

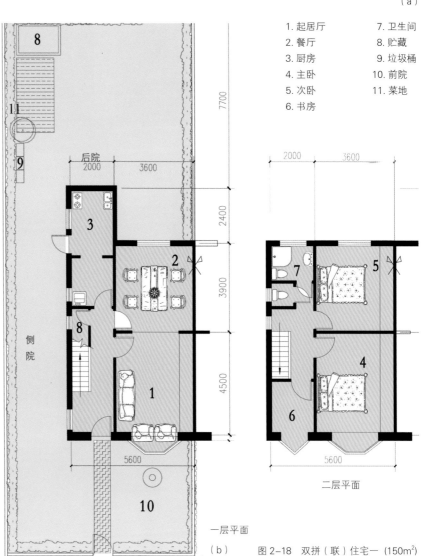

1. 起居厅　　7. 卫生间
2. 餐厅　　　8. 贮藏
3. 厨房　　　9. 垃圾桶
4. 主卧　　　10. 前院
5. 次卧　　　11. 菜地
6. 书房

一层平面

二层平面

（b）　图 2-18　双拼（联）住宅一（150m²）

（a）

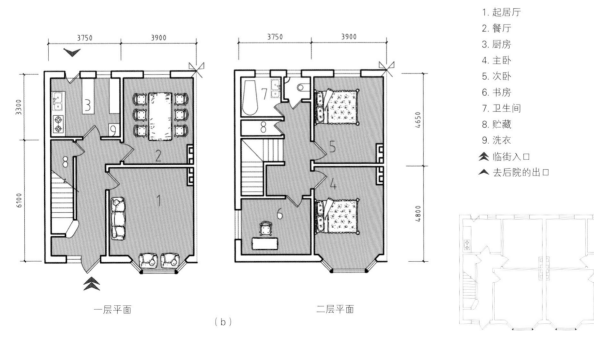

1. 起居厅
2. 餐厅
3. 厨房
4. 主卧
5. 次卧
6. 书房
7. 卫生间
8. 贮藏
9. 洗衣

▲ 临街入口

▲ 去后院的出口

一层平面　　　　　　　二层平面

（b）

（c）

图2-19　双拼（联）住宅二，凸窗上封平顶，屋顶在凸窗部位有交叉山墙突出，形成波浪形屋脊线，与凸窗一起成为立面视觉中心（150.5m²）

（a）

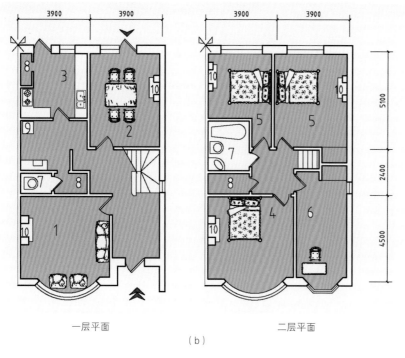

3900　3900　　　3900　3900

一层平面　　　　　　二层平面

（b）

1. 起居厅
2. 餐厅
3. 厨房
4. 主卧
5. 次卧
6. 书房
7. 卫生间
8. 贮藏
9. 洗衣
10. 壁炉

⬆ 临街入口

▲ 去后院的出口

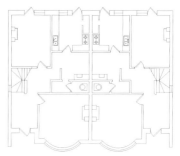

图2-20　双拼（联）住宅三（196m²）

（c）

（a）

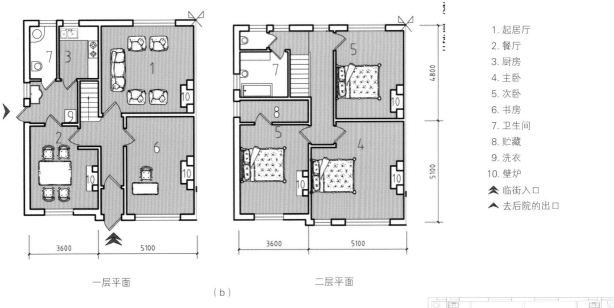

一层平面　　　（b）　　　二层平面

1. 起居厅
2. 餐厅
3. 厨房
4. 主卧
5. 次卧
6. 书房
7. 卫生间
8. 贮藏
9. 洗衣
10. 壁炉

临街入口

去后院的出口

图2-21　双拼（联）住宅四（177m²）

（c）

（a）

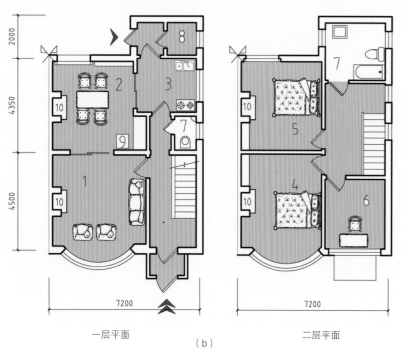

1. 起居厅
2. 餐厅
3. 厨房
4. 主卧
5. 次卧
6. 书房
7. 卫生间
8. 贮藏
9. 洗衣
10. 壁炉

⌃⌃ 临街入口
⌃ 去后院的出口

一层平面　　　二层平面

（b）

图 2-22　双拼（联）住宅五（149m²）

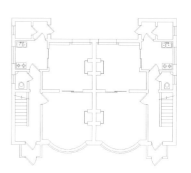

（c）

（a）

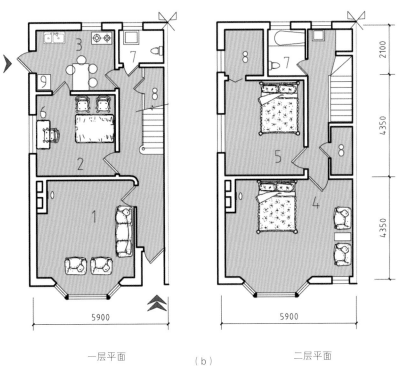

一层平面　（b）　二层平面

1. 起居厅
2. 餐厅
3. 厨房
4. 主卧
5. 次卧
6. 书房
7. 卫生间
8. 贮藏
9. 洗衣

⬆ 临街入口

▲ 去后院的出口

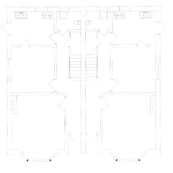

（c）

图2-23　双拼（联）住宅六（132m²）

（a）

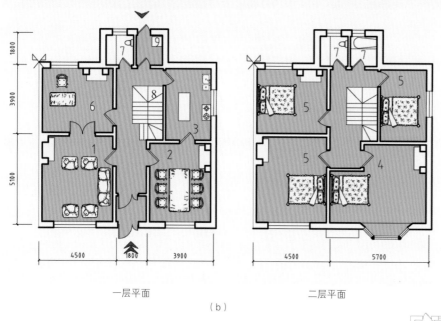

1. 起居厅
2. 餐厅
3. 厨房
4. 主卧
5. 次卧
6. 书房
7. 卫生间
8. 楼梯下部设贮藏
9. 洗衣
⬆ 临街入口
⬆ 去后院的出口

一层平面　　　二层平面

（b）

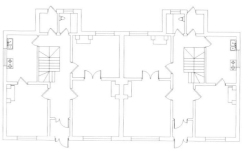

图2-24　双拼（联）住宅七，都铎风格住宅（斯特拉福），非对称布局，阁楼被利用（208m²）　　　　　（c）

（a）

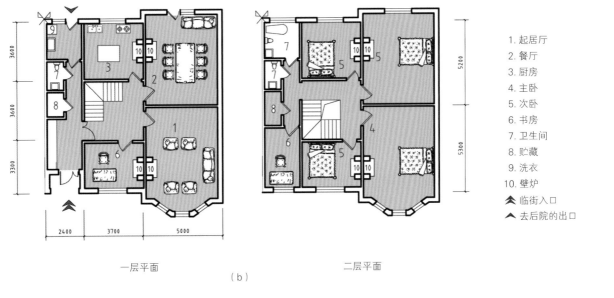

1. 起居厅
2. 餐厅
3. 厨房
4. 主卧
5. 次卧
6. 书房
7. 卫生间
8. 贮藏
9. 洗衣
10. 壁炉
✦ 临街入口
▲ 去后院的出口

一层平面　　　　　　　　　　　二层平面

（b）

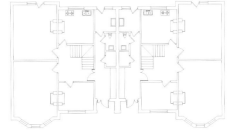

（c）

图2-25　双拼（联）住宅八，有三个开间（254m²）

图 2-26　两住宅通过车库连在一起，清水砖墙面住宅

图 2-27　两住宅通过车库连在一起，浅色涂料墙面住宅

三、独院住宅

图 2-28 所示为二层独院住宅，平面功能一层为起居厅、餐厅、书房、厨房、洗衣房、卫生间、活动室、单车位车库。建筑临街开门，有门厅与起居厅分开，活动室在厨房的后面，并有通向后院的门。门厅和活动室都可以起到气锁的作用，避免冷空气对起居厅和厨房的干扰。二层为卧室、书房和卫生间。一、二层建筑面积共 205 平方米。

独院住宅院落大，往往院内可以停车。住宅四周有院，占地较大。住宅四面外墙均可开窗。

独院住宅实例另见图 2-29~ 图 2-33。

在郊区风景秀丽处，独院住宅多单栋面积很大，它们平面布置灵活，造型丰富（见图 2-34~ 图 2-37）。

（a）

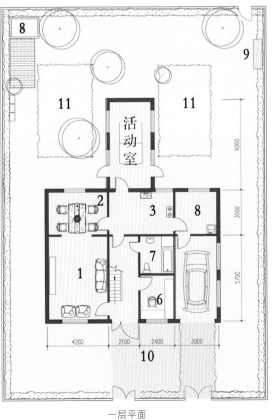

一层平面

（b）

二层平面

1. 起居厅
2. 餐厅
3. 厨房
4. 主卧
5. 次卧
6. 书房
7. 卫生间
8. 贮藏
9. 垃圾桶
10. 前院
11. 菜地

图 2-28 独院住宅一（205m²）

（a）

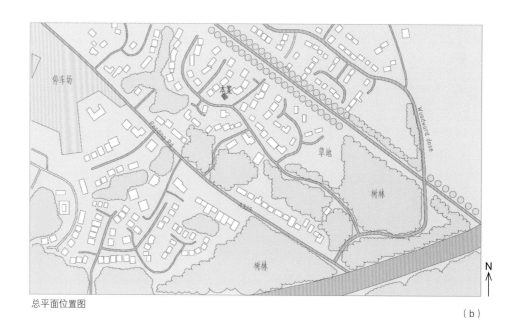

总平面位置图

（b）

图 2-29   独院住宅二 （186m²）

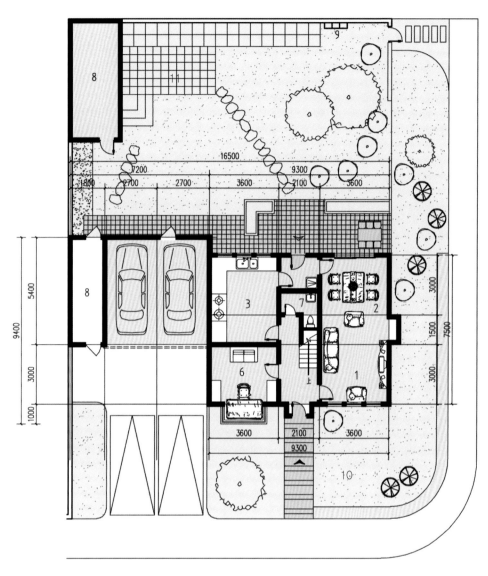

1. 起居厅
2. 餐厅
3. 厨房
4. 主卧
5. 次卧
6. 书房
7. 卫生间
8. 贮藏
9. 垃圾桶
10. 前院
11. 菜地

一层平面

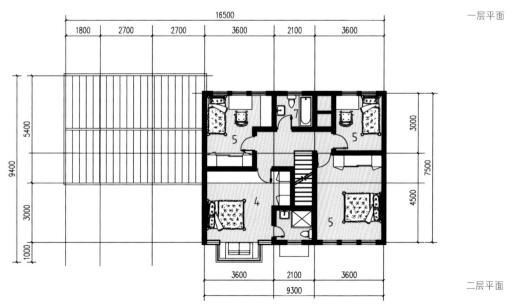

二层平面

（c）

（a）

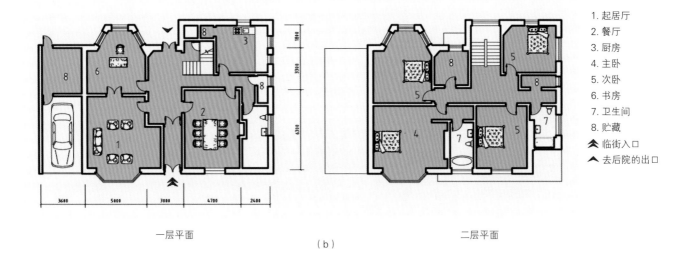

一层平面　　　　　　　　（b）　　　　　　　　二层平面

1. 起居厅
2. 餐厅
3. 厨房
4. 主卧
5. 次卧
6. 书房
7. 卫生间
8. 贮藏
⬆ 临街入口
▲ 去后院的出口

图2-30　独院住宅三（392m²）

（a）

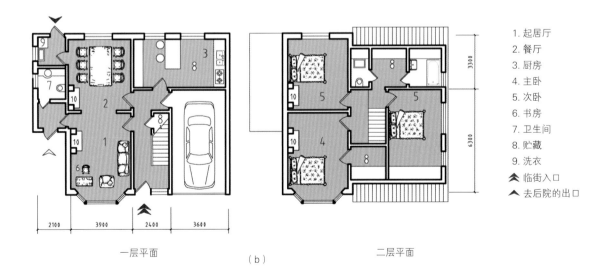

一层平面　　　　　（b）　　　　　二层平面

1. 起居厅
2. 餐厅
3. 厨房
4. 主卧
5. 次卧
6. 书房
7. 卫生间
8. 贮藏
9. 洗衣
临街入口
去后院的出口

图 2-31　独院住宅四, 红墙红瓦, 白色门窗, 用矮墙、绿篱界定前院（曼彻斯特）(198m²)

（a）

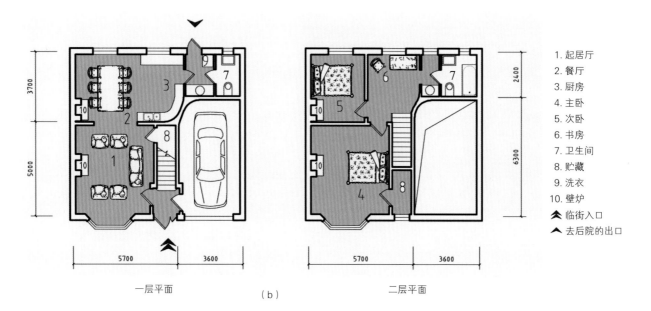

1. 起居厅
2. 餐厅
3. 厨房
4. 主卧
5. 次卧
6. 书房
7. 卫生间
8. 贮藏
9. 洗衣
10. 壁炉
　临街入口
　去后院的出口

一层平面　　　　　　（b）　　　　　　二层平面

图2-32　独院住宅五，红墙红瓦，白色门窗，用矮墙、绿篱界定前院（曼彻斯特）（151.8m²）

（a）

（b）

一层平面　　　　　　　二层平面

1. 起居厅
2. 餐厅
3. 厨房
4. 主卧
5. 次卧
6. 书房
7. 卫生间
8. 贮藏
9. 洗衣
➤ 临街入口
➤ 去后院的出口

图 2-33　独院住宅六，橘红色墙，略加凸出，部分粉刷，无前院墙（136m²）

图2-34　独院住宅，掩映在山林中，黑瓦白墙，有柱廊、三角脊、烟囱，平面自由，安妮女王复兴式住宅

图2-35　独院住宅，坐落在丛林中，都铎风格住宅，黑瓦白墙

图 2-36 独院住宅，面水背山，红瓦杏白墙，复杂的坡顶，三角形交叉脊很醒目

图 2-37 独院住宅，水边的住宅，游艇也常是富裕家庭水上运动的必需品

四、平房住宅

平房住宅共一层，多供老人和残疾人居住，不用上下楼梯，使用方便。

图2-38所示平房住宅的平面功能齐全，一条入户走廊连接起居厅、餐厅、书房、两间卧室、厨房、卫生间。前门临街开口，餐厅有后门通向后院。该平房住宅院内绿化简单，草坪、硬砖铺地，几簇绿篱，方便主人修剪管理。

平房住宅多为独院式，见图2-39～图2-42。

公营住宅的平房住宅一般独立成区，成规模建设（见图2-43、图2-44）。

图2-38　平房住宅

（a）

1. 起居厅
2. 餐厅
3. 厨房
4. 主卧
5. 次卧
6. 书房
7. 卫生间

（b）

一层平面

图2-39 平房住宅，前院石子铺路，前门有台阶，侧门有坡道进入，此户有子女陪伴

（a）

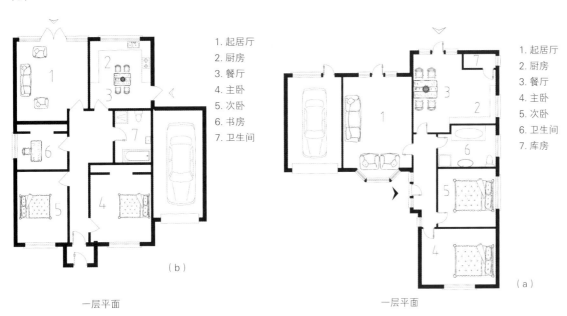

| 1. 起居厅 |
| 2. 厨房 |
| 3. 餐厅 |
| 4. 主卧 |
| 5. 次卧 |
| 6. 书房 |
| 7. 卫生间 |

（b）

一层平面

| 1. 起居厅 |
| 2. 厨房 |
| 3. 餐厅 |
| 4. 主卧 |
| 5. 次卧 |
| 6. 卫生间 |
| 7. 库房 |

（a）

一层平面

图2-40 平房住宅，从侧门进入

（b）

图 2-41　平房住宅，门前绿化简单，门口有漂亮的盆栽

图 2-42　有阳光室的平房住宅

图 2-43　平房住宅，两户间由车库相连，入户门开在住宅中侧部

图 2-44　平房住宅，从侧院进入

五、一、二层商店的联排住宅

　　随着城市的发展，商业中心的变迁，有的住宅街道慢慢变成了商业街道。沿街的联排住宅经过改建，一层或一、二层改为商店，楼上各层用于居住，去掉前院，临街经营（见图 2-45 ～图 2-57），各种风格的建筑在一条街道上并存。

英国的街道，如同历史的橱窗，展示着各个时期不同风格的建筑。

美丽的住宅组成美丽的街道，美丽的街道组成美丽的城市。城市和街道因每个建筑独特的个性而具有丰富的表情和趣味性。

图 2-45　格拉斯哥街景

图 2-46　温莎城堡街景

图 2-47　斯特拉福街景一

图 2-48　斯特拉福街景二

图 2-49　剑桥街景一

图 2-50　伦敦街景

图 2-51　牛津街街景

图 2-52　斯特拉福街景三

图 2-53　剑桥街景二

图 2-54　斯特拉福街景四

图 2-55　剑桥街景三

图 2-56 剑桥街景四

图 2-57　剑桥街景五

牛津大学过街楼

第三章　英国住宅的特点

一、平面功能特点

（一）分区明确

英国住宅均一层起居，二层就寝。除非有行动不便的老人，否则一楼不设卧室。英国气候多雨潮湿，卧室在二楼可远离潮湿。住宅寝居分层，动静分区明确。

（二）流线清晰

一层入户门与起居厅隔开，避免了人员出入对起居厅的影响。同时，起居厅与餐厅联系方便，餐厅与厨房联系方便。厨房、餐厅均设有通往后院的出口，方便住户到后院活动。厨房内一般放有洗衣机或将厨房相邻房间改为洗衣间。后院有库房（见图3-1）。

卧室集中在二层（或二、三层），就寝时家庭成员交流流线最短，寝具集中，方便管理。

此外，一层均有临街出口和后院出口，外出方便。

（三）户型紧凑，居住效率高

英国住宅的卧室面积一般都不大，在10平方米到18平方米之间。为保证私密性，卧室门有时是向内反着开的。

住宅都设有庭院，且分前院和后院，每户都有小块土地，生活自由度高，灵活性强。英国住宅都有后门，后门是运出生活垃圾的门，是到后院晾晒衣物的门，也是到后院培植园艺、玩耍的门。

英国人的厨房里有很多美丽的玻璃容器，家用电器也很齐全，面包机、烤炉是他们的居家必备。主妇们以烹饪西餐为主，很少产生油烟，青菜和鱼类都是清水煮熟后搭配色拉酱食用，肉类用烤炉加工。有些厨房是开敞式的。英国有的家庭有两个餐厅，一个是正餐餐厅，一个是早餐厅。

英国住宅的卫生间都很小，有的住宅只有一个卫生间，后期建的或后期改造的住宅一般楼上、楼下各有一个卫生间。当代英国《设计公报》提到，"5人住的联排、双拼、独栋住宅，6人住的平房住宅，应设两个大便器，其中一个可与浴室同室"。

主卧一般没有单独使用的卫生间，二层卧室区设有公用的卫生间。如果住宅面积够大，楼上、楼下的卫生间会分别细化，单设大便器间、浴室。在英国，一层、二层的卫生间是有分工的，一层洗衣（方便在后院晾晒），二、三层洗澡（因卧室集中在二、三层）。

一层、二层一般都会有独立的储藏空间，在不影响通行的情况下，楼梯下面和楼梯上面的空间都会利用起来（见图3-2）。后院中也会设有用于储藏的库房。

总之，英国住宅不追求奢华，三卧二厅（起居厅和餐厅）两卫一楼梯是主力户型，建筑面积在100平方米到200平方米之间，各功能空间齐全，分区明确，流线清晰，户型紧凑，舒适高效。

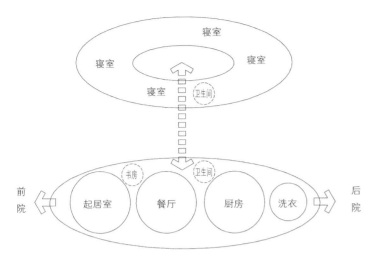

图 3-1　英国住宅流线分析图

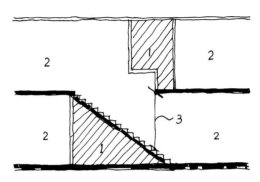

1. 贮藏
2. 室内
3. 满足通行高度，一般至少 2.2 米

图 3-2　楼梯下面和楼梯上面的空间都被利用起来

二、住宅的前院、后院

英国传统居住模式历经几百年而不衰，其核心内容就是有前院、后院。

（一）前院

英国住宅临街开口，建筑退后街道几米，形成建筑前院（见图 3-3~ 图 3-19）。前院可以保证住宅临街的私密性和幽静的氛围。

1. 前院限定空间

前院是各家的门面，也是进家的前奏，因此大家都把这里打理得既温馨又漂亮。

前院有的通透，有的私密性强，大多数住宅的前院是通透的，尤其是联排住宅和双拼住宅的前院。

有的独院住宅院落很深，院内可以停车。如果有私密性的要求，前院的围墙和大门就会做得实一些。

通透型的前院院墙都很矮，一般用绿篱、矮栅栏、爬藤植物与街道隔开。院门也很简单，多是很矮的白色、黑色栅栏门，有木质的，有金属的，甚至用原木钉个木框、中间再加上几个横撑，也是一种院门。这种院门配合院内的绿化，别有一番返璞归真的情趣。

有的住宅，前院做不了围墙，便用草坪、铺地来限定空间，让住户有一种领域感。

院内灌木多剪成几何形状，像一个个艺术品。有的院内还有花卉、草皮、喷泉、雕塑，有的甚至还放置了运动器械。

车流量大的地方，绿篱作院墙时会做得相对高些、厚些，这样有利于降低噪声，吸附灰尘。如果院子很大，在不挡光的情况下，房子的主人更愿意在门前种棵大树，其减噪、吸尘的效果更明显。

细心的人会发现，公有住宅和私有住宅的前院是有区别的，私有住宅的主人更愿意花费时间和精力修剪草坪、绿篱，伺弄自己的花园，而出租房子的前院则往往疏于管理。

　　20世纪80年代中期，英国政府为提高住宅对街道的监视作用，保障住区的安全，要求建筑退后街道的距离内不能有遮挡视线的物体存在。

　　2. 铺地

　　英国住宅前院多用彩砖、碎石、卵石硬铺地来连接住宅与街道的入口，其他地方则用绿草坪过渡。硬铺地有白色的、黄色的、灰绿色的，下雨时，泥土和着雨水渗入地下，保持了土壤和水分，地表也被冲洗得干干净净。草皮如同绿色地毯，与人行道之间一般不做任何砖、混凝土砌体，这样既节约了资金，又利于植物根系的发展。

图3-3　联排住宅每户前用花池、矮栅栏做前院围墙，围墙内是自家的前院

图 3-4　用绿篱、矮砖墙做前院围墙

图 3-5　粗朴的圆木桩做前院围墙和大门，只是一种空间的限定，表现主人谦逊、随和、开放的姿态。各家前院围墙各不相同，有的用绿篱，有的用栅栏，有的用实墙配爬藤

图 3-6   前院很深，铁栅栏门通透，院内植物高低错落，姹紫嫣红的园艺作品体现出主人的艺术品位

图 3-7 前院无围墙，高矮错落的灌木前的绿草坪起到了限定前院的作用

图 3-8 前院绿篱为墙，原木做门，石子铺地，院内几何造型的小树清晰可见

图 3-9　前院木质大门过实，只有探出栅栏外的五彩的花卉让人知道满园的春色，前院用砖铺地

图 3-10　前院漆黑的大门上开了五个"英式"镂窗，做围墙的绿篱也有一人来高，前院私密性强，门前绿石子铺地

图 3-11　前院空旷，院中心放有儿童用的篮球架，方便运动

图 3-12　用不同的地砖、石子铺地限定空间，入户门两侧用烧火用的木头和爬藤做装饰

图 3-13　前院铺黄色碎石，入户门两侧用盆景和爬藤装饰

3. 停车

随着汽车时代的到来，买车已经不是难事，尤其是英国的二手车还很便宜。但英国政府不鼓励百姓"想买就买"，而是"需要买再买"。政府帮助百姓分析了"买车容易养车难"的现实问题，鼓励百姓乘坐公共交通工具出行。为此，"政府绘制了详细的公共交通分布图，优化了公共交通路线，一旦发现哪个地方是公共交通的盲点，便会立刻改进"[13]，让百姓都能乘坐公共交通工具便利出行。

联排住宅建筑密度如果按每公顷50户到70户计算，如果平均每户一辆车的话，那么沿街就能停下。因此，联排住宅区可以不建集中停车场，住户可沿街停车，就近回家，方便又快捷。这个结论的得出，政府和个人皆大欢喜。基于以上理论，20世纪80年代后期开始的近代居住建筑修复和再生行动中拆除了很多集中停车场。

居民很愿意路边停车，因为回家方便。政府也很高兴，因为少建了很多停车场，节省了很多用于维护和管理的费用。而且，停车场如果管理不善，往往会是犯罪高发地，是很大的安全隐患，也是政府一直都很头疼的问题。

一些双拼住宅、独院住宅，院内就可以停车，或者自家楼下就有停车库。

图 3-14　独院住宅，前院内可停车（卫星拍摄）

图 3-15　独院住宅，没设院门，方便车辆进出（卫星拍摄）

图 3-16　联排住宅的前院（卫星拍摄）

图 3-17　双拼住宅的前院，院门很小（卫星拍摄）

图 3-18　双拼住宅的前院，院内有高差（卫星拍摄）

图 3-19　巴斯市联排住宅街景（路边停一排车）（卫星拍摄）

（二）后院

17 世纪和 18 世纪的联排住宅面向贵族和有钱人，后院有后门通向后部小巷，小巷可以跑马车，后院是车马用房所在地，那时的后院可以说是服务型后院。

后来，联排住宅逐渐面向大众，后院也就变成了生活型后院。现在，后院是家庭生活的延续，如同居家的一间房间，用于完成室内房间完成不了的功能。英国住宅每户都有后院（见图 3-20~ 图 3-29）。

后院可以用来种菜，养花，养宠物。英国住宅很重视双侧进光，其中很重要一点就是要让院落内的植物都有日照。植物能给院落增添活力，因而每个院落都有植物。靠近建筑的地方一般会做硬铺地，供家庭活动使用，吃烧烤、开餐会，各种家庭集会活动都会在这里举行。这样的设计也能避开建筑对植物的日照遮挡。

人是自然界中的一员，有着强烈的与自然界接触的愿望，有园艺的需要。每天，人与自然的第一次邂逅便发生在自家的后院中。看着自己伺弄的花草长势良好会由衷地喜悦，而如果园艺收获能补贴家用，人们会更喜出望外。

英国大多数家庭都养宠物，尤其是宠物狗，平时就放在后院，与孩子们一起嬉戏。因此，英国有孩子的家庭一定会选择有后院的住宅，孩子们可在后院荡秋千，打篮球，玩滑梯，与小动物们一起玩耍，后院是孩子们的乐园。后院可以让孩子们从小接触大自然，接触小动物，培养孩子们的爱心，可以说，孩子们是与后院中的动植物一起成长的。同时，有了后院，家长们也更放心、更安心。

后院排水是很重要的考量方面，一般会用硬铺地做走道，避免下雨时道路泥泞。

此外，还可以在后院拉起绳子晾晒衣物。因为有后院，英国住宅便没有阳台（公寓有阳台，是为了让住户不下楼就能享受到户外的阳光、空气。英国建筑规范中规定，公寓的阳台面积最小要满足两个人同时就餐的需求）。

后院的一角一般是库房，用于存放一些工具及季节性很强的户外用品，如剪草机、洒水管、滑雪板等。

后院靠后门处一般是分类垃圾箱。分类垃圾箱由 4 个彩色塑料桶组成，分装厨房垃圾、包装纸箱、塑料瓶盒和绿化杂草，塑料桶上有小轮子可以移动，每周定期有垃圾车将垃圾运走。英国住宅临街，前门供人们外出交往、购物，后院门主要用于运出垃圾。前后院的划分，使住宅洁污分明。

后院周围一般设高围墙以遮挡外部视线，保证后院的私密性。

人们每天在后院接触室外空气，沐浴阳光。后院是住户休闲、晒太阳、种植花草蔬菜、聚餐、玩耍的好地方。

由于增加了后院这个室外空间，人们的生活也丰富了很多，居住质量也得到了很大的提升。

图 3-20 后院餐厅出口上方的红色爬藤装饰性很强，另一个房间内的洗衣机清晰可见

图 3-21 后院高高的砖砌围墙保护了住户的隐私

图 3-22 后院一家人在野餐，视线里一条晾衣绳横跨院子

图 3-23　在后院里吃烧烤的一家人，摄影用的三脚架支在草地上

图 3-24　后院的绿地、花卉、灌木、大树蓬蓬勃勃，生机盎然

图 3-25　后院一角的喷泉和盆景

图 3-26　后院花池里的太阳能地灯

图 3-27　有大院落的独院式住宅，院内有大树，私密性强

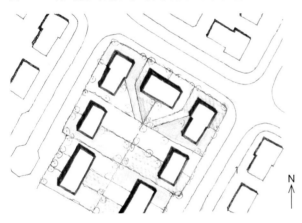

图 3-28　森德兰市住宅后院转角处分户示意
1. 转角处住宅后院不是规整的矩形，而是三角形或扁扁的平形四边形
2. 三联拼住宅（图示楼编号 1）中间户后院没有对外的出口（后院间没有小巷），前院到后院一定要有走廊与起居厅、餐厅分开，否则按英国人的话讲，"如果运输的一包花土恰好洒在起居厅地毯上，那可真是件糟糕的事情"

图 3-29　红色小桶接在雨水收集桶下，收集的是水落管下来的雨水，这些水是用来浇自家后院菜地的

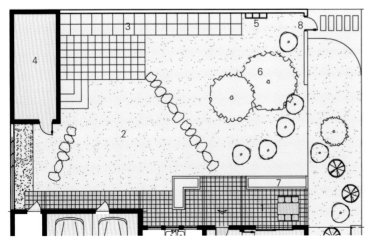

1. 硬铺地
2. 草地
3. 菜地
4. 库房（多数购买的成品）
5. 垃圾桶
6. 植物
7. 花坛
8. 后院的后门

图 3-30　后院典型平面布置图

三、立面细部

（一）坡顶、外墙

1. 坡顶

英国多雨，坡顶有利于排水。1666 年伦敦大火后制定的"再建法"明确要求住宅设坡顶，所以坡顶是英国住宅的重要构件（见图 3-31~图 3-34）。

英国住宅坡顶很陡，二层或三层住宅都加坡顶，坡顶是重要的造型元素。十字交叉屋顶的三角山墙开窗，方便坡顶空间采光（见图 3-32），是英国住宅坡顶的典型特征。平面自由的住宅，屋顶高低起伏，一般比较复杂（见第二章图 2-34~图 2-37）。

英国老建筑多采用深色瓦顶，使用的是当地开采的灰色石板片瓦（图 3-31），现在陶土烧制的瓦早已取代了石板片瓦。

带老虎窗的坡顶空间是可利用的（见图 3-33、图 3-34），不开窗的坡顶一般只用作仓库（见第二章图 2-3 ~图 2-5），坡顶下一般会设水平吊顶，既美化了室内空间，又节能，提高了室内舒适度。

联排、双拼住宅分户墙升起，突出屋面 450 毫米左右（见第二章图 2-50），便于各户独立维修。

图 3-31 灰色石板片瓦是英国当地开采的，如今还保留着采石加工厂供人们参观，灰色屋顶、明亮的黄色墙面，对比强烈，墙上的红色爬藤更增加了几分艳丽的色彩

图 3-32 复兴中世纪风格的乡村式住宅，十字交叉屋顶的三角山墙十分醒目

图 3-33 灰色屋顶，坡度较大，屋顶空间加以利用。白墙黑框，勒脚采用清水砖墙

图 3-34 红色屋顶斑驳古朴，清水砖墙拼出纹饰

2. 外墙

英国住宅外墙饰面有四种做法：

（1）灰泥墙面粉刷。这是过去老房子的做法，现在则用水泥拉毛模仿中世纪住宅的灰泥墙面（见图3-35）；

（2）抹灰粉刷与清水砖墙搭配使用。运用不同质地与色彩的组合与对比，使外墙面形成丰富的图案和肌理（见图3-36）。抹灰粉刷多用白色、黄色、杏色等，与绿草、绿树形成鲜明对比；

（3）清水砖墙饰面。用不同砌法砌出清水砖墙纹理，起到装饰效果（见图3-34）。采用清水砖墙面

图3-35 灰泥墙面（卫星拍摄）

图3-37 灰泥墙面与仿都铎风格墙面搭配（卫星拍摄）

图3-36 抹灰粉刷与清水砖墙搭配

的建筑多同时采用白色线脚装饰，配上白色门窗及白色门窗套，在绿色植物的衬托下分外耀眼、亮丽（见图 3-38），这是英国住宅给人留下的最深刻的印象；

（4）仿都铎风格。局部或全部采用浅色粉刷（白色最多）配深色露木装饰（黑色最多），活泼而有英国民族特色（见图 3-37、图 3-39）。

英国住宅外立面很少使用贵重的彩色面砖、花岗岩等来装饰，多用当地产的砖或砌体，因为伦敦盛产红砖，所以在英国伦敦老住宅中红色清水砖墙的使用非常普遍。

图 3-38 清水砖带白色线脚墙面（卫星拍摄）

图 3-39 仿都铎风格墙面

（二）烟囱

屋顶上突出的烟囱是英国住宅的特色之一（见图3-40~图3-50）。

烟囱有排烟和通风两个实用功能。烟囱越高，排烟、通风效果越好。

英国注重房间的自然通风，一个房间会连一个出屋面通气孔，不用开窗就有新鲜空气。一个建筑若有很多房间，屋顶的烟管也就排成了一排。

烟囱的上部结合压顶做线脚，既有装饰作用，又能固定烟管。烟囱的下部有结构加固措施，以防止烟囱被风吹倒。

烟囱的风格与建筑风格相协调，装饰作用强。

都铎风格、巴洛克风格、西班牙风格建筑的烟囱造型夸张。烟囱配合屋顶，形成重要的竖向构图元素，打破了建筑水平屋脊线的单调，丰富了立面。

英国的烟囱注重细部刻画，常取得意想不到的效果。

图3-40 烟囱的基座延伸至建筑底部，形成重要的竖向构图元素

图3-41 注重烟囱口部的处理，该建筑烟囱口部如同喇叭花

图3-42 巴洛克风格建筑的成组烟囱与近景建筑及远处的哥特式小尖塔相呼应

图 3-43　设在建筑两侧的烟囱，如同羊角，建筑仿佛有了生命力

图 3-44　简洁的方形烟囱与主体建筑细部相呼应

图 3-45　烟囱在色彩、线脚、造型上与建筑主体相呼应

图 3-48　竖直向上的矩形烟囱使建筑显得挺拔了许多，烟囱在色彩、线脚上与建筑很好呼应

图 3-49　城堡住宅上烟囱的节奏和韵律与雉堞和垛口呼应得恰到好处

图 3-46　方形烟囱壁上的细节处理与老虎窗上的半圆顶相呼应

图 3-47　细看烟囱还有很多竖向的细节处理，烟囱使建筑更精致

图 3-50　右侧建筑烟囱下部与主体立面交接处有细节处理。左侧烟囱林立，仿佛在向人们讲述一个动人的故事

（三）门、窗

英国人注重门面，每户临街开门，入户门是住宅设计的重点之一。入户门常用半拱券、三角楣或三角坡顶雨篷装饰。拱券装饰多带锁石。门上镶彩色玻璃，门的腰部设信报箱，门侧的墙上点缀着鲜花吊兰。有的还在门边的墙上钉上木质菱形格子，上面爬满花藤植物。

英国是高纬度国家，太阳高度角相对较小，用对比度大的颜色区分窗和墙会使人精神振奋。

英国住宅常采用红色墙面、白色窗户或白色墙面、黑色窗户（都铎风格建筑），墙面颜色与窗户颜色形成对比，反差强烈，给人留下深刻的印象。

红砖墙、白门窗、窗上有小窗棂（老房子窗扇上下推拉）、白窗框内衬

图 3-51　方形凸窗，细节完全不同 [5]

（a）

（b）

白窗帘，这是英国住宅的常用手法。在平板玻璃大量使用后，很多带窗棂的窗都被换成了大玻璃窗。

　　都铎风格的建筑常使用白色墙面搭配黑色露木装饰，窗框采用白色或黑色，立面呈黑、白、灰多层次效果，表现力丰富，感染力强（见第五章图5-3~图5-16）。

　　从20世纪初开始，住宅起居厅常用三边凸窗、半圆凸窗、方形凸窗增加采光量，同时也丰富了立面造型。在凸窗顶部、一、二层之间的窗间墙、窗套、线脚、窗分格上都有很多优美的细部，没有两个完全一样的凸窗。每栋住宅的门廊、窗、凸窗、屋顶等各部分构件都相互呼应，协调而生动（见图3-51、图3-52）。各式门窗见图3-53 ~ 图3-68。

（c）

图 3-52　凸窗细部、窗套细部与入户门廊细部相呼应 [5]

（a）

（b）

（c）

图 3-53 入户门上方三角形装饰一

图 3-54 入户门上方三角形装饰二

图 3-55 入户门上方三角形装饰三[5]

图 3-56　黑色的门，红色清水砖墙面，门上有扣环、信报箱，十分实用

图 3-57　门上白色半圆拱，门前的花池、盆栽配合着台阶，简洁生动

图 3-58　红色墙面，白色门窗及门楣，门两侧墙上有两盆吊兰，前院有花卉、绿篱

图 3-59　红色墙面，白色门窗，门侧墙上有吊兰

图 3-60　落地窗上有半圆拱窗框 [5]

图 3-61　带半圆拱的两分窗

图 3-62　弧形凸窗，窗扇上下推拉

图 3-63　带半圆拱的三分窗

图 3-64　带窗棂的窗扇

图 3-65　带窗棂的哥特式三分单窗

图 3-66　门中间为信报箱投递口，两户公用一个小雨篷，二层带窗棂的窗上下推拉 [5]

图 3-67　竖条窗，窗上是倒梯形窗楣 [5]

图 3-68　墙上有都铎式露木装饰，窗上有半圆形窗框，入户门上的雨篷采用帐篷顶

（四）入户门廊

　　临街入口凹进、凸出，门上有门楣或雨篷都可以形成入户门廊。入户门廊各有特色，与建筑相协调。

　　入户门廊实例见图 3-69~ 图 3-76。

图 3-69　入户上方做人字脊雨篷，与建筑很好呼应，亲切自然，又突出了入口

图 3-70　入户门内退，半圆拱门廊与二层窗楣很好呼应

图 3-71　平房住宅墙上装点蝴蝶饰件，入户门内退，爬墙植物打破了白墙的单调，凸窗打破了山墙的平淡 [14]

图 3-72　入户门上方及两侧有装饰，墙面有爬藤花格，简洁大方

图 3-73　入户门上方做木质人字脊雨篷，门廊柱上爬满了绿藤

图 3-74　一层入户门内退，门上有半圆拱，这是英国住宅入口常用的方法 [5]

图 3-75　入户门上设铺瓦的
人字脊

图 3-76　门两侧的墙凸出于
主体墙面，门上有半圆拱，入
户门廊与主体相协调 [5]

格林尼治天文台

第四章　建筑技术与可持续发展

一、室内通风

（一）排气用的通风道与烟囱组合在一起

室内被加热的空气上升，经屋顶排气孔排出室外，冷空气从专门的管子或门窗缝补入室内，如此反复循环，室内外空气得到交换，这就是英国住宅的自然通风过程。

英国住宅注重室内自然通风，每个房间在墙的上部均有埋在墙内的通风管，通风管通至屋顶，保证室内自然通风能够顺利进行（见图4-1）。

有的通风道与烟道合并在一个大的烟囱里，利用烟把管道加热，提高排气效果。英国的传统住宅屋顶均有烟道与通风道组合在一起的烟囱（见图4-2），现代人们很少生炉子排烟，烟囱通风的作用就更大了。

在英国，即使不开窗，室内空气仍然新鲜。

（二）壁炉

过去，壁炉是住宅取暖的装置，现在取暖已由家用锅炉完成，壁炉在室内主要起装饰作用。同时，壁炉还是室内通风的装置，各层壁炉上的通气孔与屋顶烟囱相连，与门窗缝共同完成住宅室内的自然通风过程（见图4-2）。

壁炉是英国住宅的传统构件，新建住宅中仍保留壁炉。新建住宅中的壁炉主要用于通风，但其装饰作用也不容小觑。在壁炉里放上装饰用的木材、炭火，或用电子产品模仿火焰效果，全家人围坐在壁炉前，已成为英国的一种时尚。

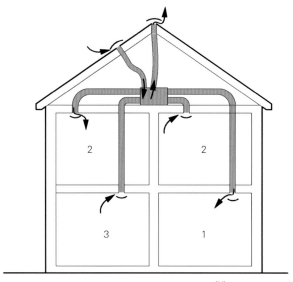

图4-1　室内墙面上的通气孔及管道通至屋顶通风[14]（1.起居厅　2.卧室　3.餐厅）

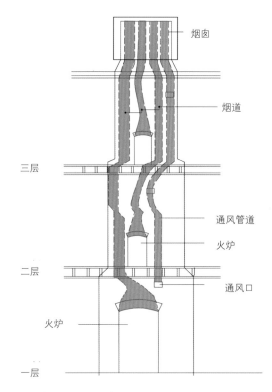

图4-2　壁炉与排气管结合通至屋顶通风

二、雨水收集与太阳能利用

（一）雨水收集

英国家庭中普遍使用雨水收集装置。简易的雨水收集装置连接在落水管下面，大小如一个中号水桶，下部有龙头可以放水，收集的雨水多用来浇花和浇菜园（见第三章图3-30）。复杂一些的雨水收集装置则埋在地下，可以收集地表水和屋面水，经过滤后，回收的雨水可以冲厕所，浇花，浇菜园（见图4-3）。

图4-3　雨水收集装置[14]

（二）太阳能利用

斜屋面上安装太阳能热水器集热板，为住户提供热水。但英国由于阴雨天较多，因此采用这种太阳能设施的住宅并不太多（见图4-4）。在前院，连接着客厅，常做一间玻璃的日光温室即太阳房，太阳房利用玻璃的温室效应原理集热（见图4-5）。较大的

图4-4　屋面设太阳能集热板的住宅

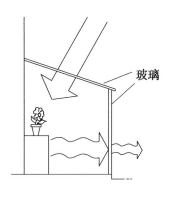

玻璃

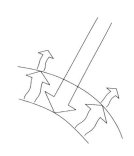

图4-5　太阳房利用温室效应原理集热

太阳房可使人们在冬日里享受日光浴，小一些的则多用于放置盆栽的花卉。冬日里，太阳房作为住宅外墙的一道屏障，为建筑挡风寒、集热量；夏日里，打开太阳房的窗扇，在太阳房房顶拉上遮光帘，太阳房就变成了遮阳篷，给住户带来清凉（见图4-6）。

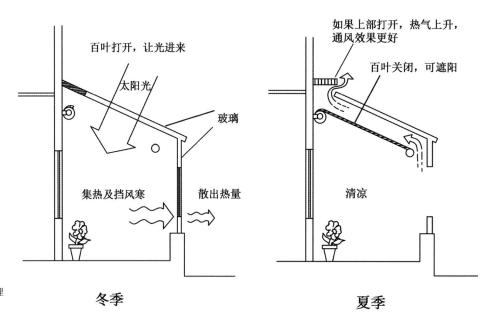

图4-6　太阳房冬季和夏季工作原理

三、建筑节能

英国新建住宅外墙多用夹心墙，外层用100毫米厚空心红砖墙，内层用100毫米厚加气混凝土墙，中间夹100毫米厚苯板，保温隔热效果好（见图4-7）。

屋面多用成品复合夹心保温板，热效率高，施工方便（见图4-8）。

英国住宅每户自用电力、煤气、液化气锅炉中的一种取暖，控制每个房间的温度。房间内隔墙、楼面、地面都采用保暖隔热材料，屋顶是坡顶加吊顶，相当于双层屋顶，各房间保温隔热效果好。住户可自己按需控制各房间温度，往往在上班时关小锅炉阀门，让住宅维持较低温度，回家后根据需要打开部分房间的阀门，调整室内温度，一般厨房和卧室温度最高。这样的按需采暖大大节约了能源，住宅热效率高。

图4-7　夹心保温外墙施工现场[14]

图4-8　屋面采用复合夹心保温板[14]

四、建筑装修

　　英国天气潮湿，扬尘较少，绝大多数家庭都铺地毯。地毯还可以隔声减噪，在木构架老房子（楼板、楼梯都是木结构）中的使用优势更加明显。同时，清洁地毯的设备、材料先进，操作简便，地毯在英国家庭中的使用率很高。

　　室内墙上多贴壁纸，既美观，更换起来也方便。卫生间多采用仿石、仿瓷砖的硬塑料制品，轻便、方便施工，还可以回收再利用，建筑垃圾很少。在英国，人工很贵，内装修多由居民自己完成（见图4-9）。

　　英国的建筑配件和家用工具先进齐全，购买方便。各种建筑墙体、保温材料、独立式的供暖水箱，室外用的座椅、凉篷、儿童小滑梯、锻炼用的器械、独立篮球架，雨水接收器及过滤设备、太阳能设备，草坪上的太阳能灯、太阳房（提供尺寸定做）、剪草机（电动的、烧柴油的）、修剪灌木树的锯，各种花园的雕塑、花卉、树木，各种吊兰，各种花种、树种、菜种、肥料、杀虫剂等，一应俱全，都可以买到。

　　有上百年历史的住宅，除了外墙、承重墙、分户墙是砖砌的，没有太大的变动外，其他的木结构部分，如楼板、楼梯、户内墙都几经更换。经过多次更改的还有门窗、室内装修，像电器、采暖、空调等设备设施也根据住户的需要跟上了时代的步伐，提高了居住的舒适度。

（c）

　　据英国研究机构统计，在建筑全寿命周期内维护建筑所需的费用是很高的，这个任务交给住户自己再合适不过了。

（a）

（b）

（d）

图4-9　英国住宅室内 [5]

五、重视安全、健康和节能减排

19世纪40年代是英国"污浊的四十年代"，英国出现了霍乱疫情，政府不得不开始重视公众的安全与健康状况。到20世纪70年代，各种制度已几经修改和完善。英国将环境绿化、城市道路、交通、房屋建筑、城市上下水系统、电力、电讯等都纳入了建设规范中。

建设规范涉及到的安全内容有很多，比如防火安全、结构安全、残疾人安全、场地安全、上下水安全、电的安全、玻璃制品的安全、光的安全等。

建设规范涉及到的公众健康的内容也很多，比如空气、水（上下水的处理）、土地、日照、雨、雪、风等各种自然现象对人类健康的影响。

英国将土地分成绿色、灰色、褐色、黑色等几种安全等级。绿色土地是禁止开发建设的土地，如农业用地、城市周围绿化带、居民区绿化空间、山地；灰色土地是可以开发建设的土地，如拆除建筑或拆除铁路、公路后的土地；褐色土地是有轻度污染的土地，如拆除对人有轻度危害的工厂后的土地；黑色土地为重度污染或地质灾害较严重的土地，如矿山、石油开采地，以及有严重污染的工厂用地等。对褐色、黑色的土地再利用时，为避免对人的健康带来不良影响，要对土地及地下水进行处理或更换。

2012年伦敦奥运会的场地原来就是废弃的工业区，那里的土地是经过处理和更换后再建设的。当年英国能成功申办2012年奥运会，很重要的一点就是其在申办报告中强调了节能环保、生态建设的论点。申报地点选在伦敦东北部的利亚河谷湿地地区，该区域原来是工业废弃地，经过改造，现已成为欧洲最大的生态公园，所有比赛场馆都分布在利亚河畔，运动员集中住在利亚河东侧的奥运村，媒体集中在利亚河西侧的新闻中心（见图4-10~图4-12）。

改建原有建筑，少盖新房。英国2004年的改造建筑占全年建设量的60%以上。住宅改造前文已有介绍，是外壳不动、主体结构不动，木构件、设备设施几经更换。其他的，如将办公楼改造成公寓，大工厂改造成美术馆等，也都是将结构主体保留，原有建筑外壳基本不动，改造建筑的内部。这些做法大大减少了原材料的消耗、生产原材料造成的污染、建筑垃圾的排放、交通运输的负担等，英国民众重视节能减排，从细节做起，从一点一滴做起，从自己做起，强调可持续发展的理念。

图4-10　2012年伦敦奥运会奥运村内开放空间中的座椅

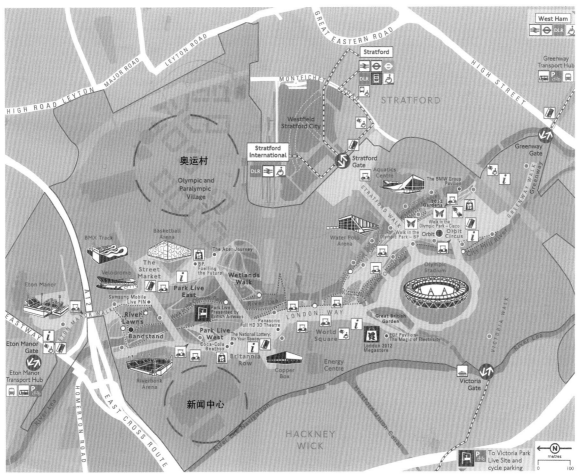

图 4-11　2012 年伦敦奥运会利亚河谷地带总平面布置图

图 4-12　2012 年伦敦奥运会奥运村内开放空间

伦敦大笨钟

第五章　切斯特小城

英国西部切斯特（Chester）小城的历史可追溯到古罗马时期，小城有城墙和护城河。

小城商业中心步行街上的建筑多是经典的都铎半露木风格。白色的墙面加上各式各样的黑色线条，做工细致，精美异常。沿街多为三到四层的建筑，原建筑的二层多设有公共的步行通廊，可以遮日挡雨，形成独特的"屋列"连续街区，现多已封闭使用。沿街建筑大多已改为名牌商店，形成下店上住或前店后住的格局，生活在这里的住户经营着这些小店。

1969年，切斯特小城被列为历史保护地区，作为英国最美的历史保护城市，切斯特小城每年都吸引着数以万计的海内外游客来此参观、购物。

红色区域为过街钟楼所在地，黑色加粗线为古城墙，阴影区为主要商业街道

N
↑

图5-1 切斯特小城总图示意

图 5-2 小城入口处，钟楼古朴典雅，斑驳的红棕色墙面，尖凸式窗花，带垛口的檐墙顶，诉说着它的古老与文化。两边是白墙黑框的都铎风格建筑

图 5-3 一条狭窄的小街，台阶引向前方漂亮的钟楼，湖蓝色的蒜头顶，白色、酱红色搭配的大钟，黑色的金属框架吸引着人们，世界闻名 Clarks 鞋店，也为这里注入了现代的气息

图 5-4 小城街景，黑色的山花屋顶，黑色、白色相间的墙面，偶尔出现的商业招牌，展示着小城商业的繁华

图 5-5 小城街景，下面一层为白色柱廊，供人们避雨，二、三层为红墙组窗，三、四层及屋顶采用白墙黑框都铎风格

图5-6 小城街景，都铎风格黑白相间的墙面、红色的砖墙、红色和黑色的屋顶，各种元素有节奏地跳跃着，似在诉说着过去和今日的繁荣，各种名牌商铺在此落户

图 5-7　小城街景，连续的山花屋顶，有图案的屋脊压顶，黑白相间的墙面，高低错落的四层、三层屋顶，如同音符在活泼地跳跃着

图 5-8　白色墙面、黑色格窗，在对称的中部突出了山花、柱廊、凸窗，直线、斜线、曲线以及精致的栏杆、柱子、实窗、凸窗底部以及凸窗上的大小白色花饰，精巧细致

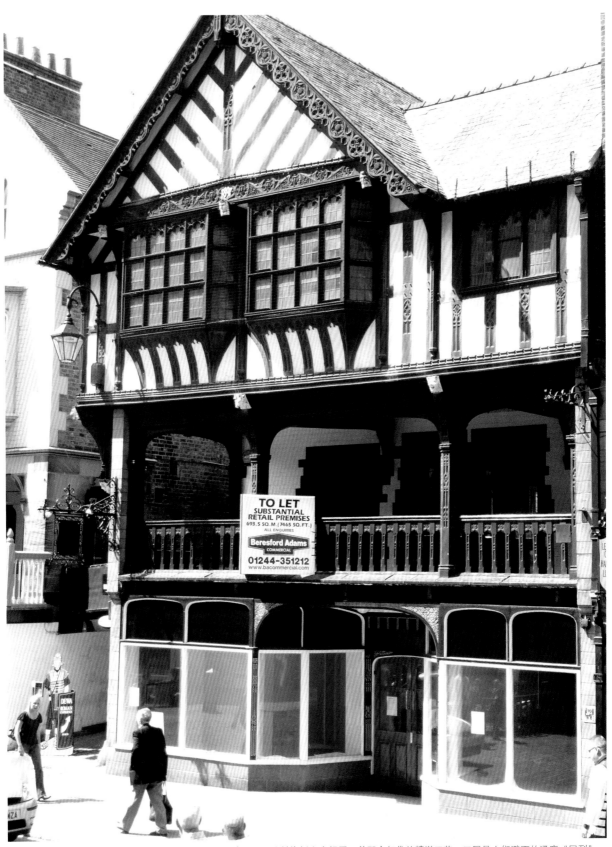

图5-9 白墙黑格，直线、曲线、斜线组合在一起，精致雕琢的封檐板和窗楣展示着那个年代的精湛工艺，二层是人们避雨的通廊"屋列"

图 5-10　转角建筑下面的两层红砖墙结构是为了与相邻的红色公建相协调和过渡

图 5-11　红墙公建的另一侧一层也有过渡，一层商店门前的吊兰、门前的咖啡桌椅诉说着人们的休闲生活，上面的白墙黑格回忆着它昔日的光辉

图 5-12　一层红墙，门前有吊兰，二、三层白墙黑格，古朴的都铎风格建筑与现代建筑为邻，现代建筑的肌理、色彩与老建筑相协调，取得一定效果，但仍不是很理想

图 5-13　街面转角建筑两面共有四组山花，白墙黑格，四组山花花纹各不相同，又统一在一个风格之中，下面两层为红砖墙，也十分醒目秀丽

图 5-14　精致的山花、白墙黑格，衬托着蓝天、白云，像钢琴上的琴键，演奏着华丽的乐章

图 5-15　白色的墙面，黑色的窗框，灰色的实窗雕刻，带图案的精致的封檐板、窗楣和有暗纹的实窗使建筑有黑、白、灰多个层次，建筑感染力强。右边一栋的山花内梅花图案与凸窗、牛腿、一层金属柱一起诉说着能工巧匠们的智慧

图 5-16　简洁大方的三层都铎风格建筑，一、二层为商店，人们可直接步入二层购物

参考文献

[1] 吴良镛.城市研究论文集.北京：中国建筑工业出版社，1996.

[2] 德里克·艾弗里.乔治国王统治时期的建筑.北京：中国建筑工业出版社，2008.

[3] 德里克·艾弗里.维多利亚和爱德华时期的建筑.北京：中国建筑工业出版社，2008.

[4] 佐藤健正.英国住宅建设——历程与模式.王笑梦译.北京：中国建筑工业出版社，2001.

[5] Richard Russell Lawrence. The Book of the Edwardian & Interwar House. London: Aurum Press Ltd, 2009.

[6] 朱晓明.当代英国建筑遗产保护.上海：同济大学出版社，2004.

[7] 邓卫.英国景观——研究、实践与教育 [J].世界建筑，2006（7）：16-18.

[8] 伊恩·D·怀特.16世纪以来的景观与历史.北京：中国建筑工业出版社，2011.

[9] 阮萍.安妮女王式花园洋房建筑风格 [J].上海房地，2006（8）：62-63.

[10] 倪文岩，刘智勇.英国绿环政策及其启示 [J].国外规划研究，2006，30（2）：64-67.

[11] 朱祥明，孙琴.英国郊野公园的特点和设计要则 [J].中国园林，2009（6）：1-5.

[12] 包晓雯.英国区域规划的发展及其启示 [J].上海城市规划，2006（4）：54-58.

[13] 大卫·李斯特.住宅设计手册——优秀实践指南.大连：大连理工大学出版社，2013.

[14] Waterfield Patrick. The Energy Efficient Home. United Kingdom: The Crowood Press Ltd, 2006.

[15] 彭军，张品.英国景观艺术.北京：中国建筑工业出版社，2011.

[16] 迈克·布罗威，祖·维伦，邓卫.生态景观设计40年 [J].世界建筑，2006(7)：28-33.

[17] 周燕珉.住宅精细化设计.北京：中国建筑工业出版社，2008.

[18] 刘多立.从海德公园看伦敦城市公园的特点 [J].山西建筑，2008，34（27）：344-345.

[19] 谈明洪，李秀彬，辛良杰，陈瑜琦，张雷娜.英国城市绿化带土地利用及其对中国的启示——以斯佩尔索恩（Spelthorne）区为例 [J].地理科学进展，2012，31（1）：20-25.

[20] 魏磊.英国生态环境保护政策与启示 [J].节能与环保，2008（12）：15-17.

[21] 谢欣梅，丁成日.伦敦绿化带政策实施评价及其对北京的启示和建议 [J].城市发展研究，2012，19（6）：46-53.

[22] Takle Gary. Britain's Best Architecture. Australia：Think Publishing, 2012.

[23] W·HY雪儿创作室(U.K.).私家建筑细部设计.上海：上海科学技术文献出版社，上海信息传播音像出版社，2007.

[24] 贝斯出版有限公司.英国景观.武汉：华中科技大学出版社，2008.

[25] 彭军，朱小平，张品.英国建筑景观.北京：中国水利水电出版社，2004.

后记

英国是最早完成工业革命的国家，是最早制定《公共卫生法》的国家，是最早颁布《住宅法》的国家，也是最早制定指导城市建设规划的国家，英国在住宅建设、城市建设上均走在均走在世界的前列，有很多东西值得我们学习和借鉴。

中国人口众多，城市建设更要讲究科学。城市规划、区域规划都应注重生态，要建设可持续发展的城市；要多设集中绿地，满足人们亲近自然的需要；要定量研究绿地所能负担的居民数量，控制每个地块的总人口数。

绿色建筑需要体系研究。绿色住宅并不是简单地增加外保温和使用先进设备，正确的生态观、低碳，甚至零碳生活才是绿色建筑得以实现的持续保障。有了绿色生活才有绿色住宅，住宅是为人们的生活提供平台的，也可以说，有什么样的生活就需要有什么样的住宅。

现在，我国城镇化快速发展，有成就，也有困惑。住在钢筋混凝土盒子里，呼吸着有霾的空气，出行困难，生态破坏，环境污染……这一切都需要我们尽快去改善。放眼世界，改变思路，建设生态可持续发展的社区、绿色住宅，才是我们的终极目标。方向很重要，统一思想也很重要。

2013年12月召开的中央农村工作会议指出，"我国农业要强、农村要美、农民要富，到2020年大约有1亿农民要进城"，这就给我们新一轮的城市建设，尤其是中小城市的建设提出了新的挑战，也带来了新的机遇。

俗话说"窍门满地跑，就看你找不找"，发挥大家的聪明才智，从政府职能部门到设计行业的专业人士，再到普通使用大众，大家都行动起来，各司其职，一定会把我们的家园建设得更美好。

由于我们对中国中小城镇、农村的调查还很不够，因此在这里只能对中小城镇，以及农村的建设提出一些粗浅的看法，供大家参考。

1．保持城镇的特色

在规划城镇时，一定要守住青山绿水，要保住城镇自然和人文的特色，如树林、山地、湖泊、湿地等，保留住有特色的地形地貌。挖掘当地历史、文化特色，并适当加以保护。主动规划和创建城镇周围的绿化带圈，并制定法规，将其保护起来。

2．在每个居住区都规划一个公园绿地

在每个居住区都规划一个公园绿地，居民步行5到10分钟就可到达，绿地面积应不小于几个足球场的大小（够大，才能更好地提高自然界的自我净化能力），可供人们在此锻炼。应将此要求写进国家规划法中。居民可在公园徒步走，打太极拳，武剑，跳舞，玩运动器械，人们的生存舒适度得到很大提高。

3．规划布置均衡的教育、医疗机构

中央农村工作会议已经提出要促进城乡公共服务均等化，在中小城镇中规划布置均衡的幼儿园、中小学校等教育机构以及医疗机构，提高中小城市教学、医务人员的工资待遇。中小城市与大城市的医疗、教育、工资水平相差无几，可以吸引更多的人离开繁华喧闹的大城市，到清新干净的中小城市中工作（德国就是这样，人们更愿意到清爽干净的小城市工作）。

4．一个地区的住宅建设要控制人数

一个地区的住宅建设要控制人数，人越多，碳排放量越大，就需要更大的绿化面积与之配合，否则自然界会代谢不掉人类产生的碳，碳在一个地区瘀结，排不掉就会产生霾。

中小城镇建设一定要讲科学，统一规划，节约用地。但节约用地绝不等于盲目提高容积率，以牺牲居住质量为代价。当前，人员高度密集的中国大城市发展模式弊端已逐步显现，我们应该探索一条新路来建设中小城市。可建设带有人情味的小型居住区，配上便捷的公共服务设施和公共交通，让城市可持续发展，让住宅更舒适美丽。

英国和日本都是人口密度高的国家，2007年日本人口密度为350人/平方公里，英国人口密度为252人/平方公里（英格兰地区人口密度为379人/平方公里）。2007年中国人口密度为141人/平方公里（即使扣除40%不宜居住的面积，人口密度也只有235人/平方公里）。就人口密度而言，我们不及英国高，更远远赶不上日本和英国的英格兰地区。英国和日本可以发展低层住宅，同时又能保持良好的自然居住环境，他们的经验值得我们思考和借鉴。

5. 住宅设置前院、后院

建议住宅设置前院、后院。人们除了要求有遮风挡雨的室内，也需要室外，这是人们生活需要的。以人为本，前后院是住宅很重要的一部分。前院要通透美好，要考虑形象需要，后院则要实用，有个"英国式后院"是很多人的理想。

（1）对于沿主要街道的住宅，一、二层可设为商店，上部三、四层为住宅，独门独户，设后院，后院可做进货仓库、铺设绿地、培植园艺花卉等。

（2）对于沿内街的住宅，也可设置前院、后院。北京建设亚运村时，将农民土地征用后，农民都搬进了多、高层住宅，之后农民在阳台上种菜、养猪。看似是个笑话，但事实上却反映了人们的需要，人们有养花、养宠物、种蔬菜、做运动、晒太阳的需要。我们也可以按照低层加院落的方法为住宅设置前、后院，满足大家的这些需要。

住宅不要很高，二、三层加坡顶足以满足现在家庭人口的需要。住宅过高，院落内阴影过大，会影响植物的生长。同时，如果住宅过高，住户的生活活动线会过长，上下层联系不方便，也会影响居住的舒适度。要改变在北方只住南北朝向住宅的传统观念。要知道，住宅朝向大角度偏东或偏西，不仅有各房间日照均好的优势，而且住宅前后院都能有日照，对院内植物及院内人都是利好举措。

（3）对多层公寓式住宅，可将住宅附近闲置的土地划分给住户，每家一小块，供住户园艺、户外活动等使用。对于顶层住宅则可开发屋顶空间，将屋顶作为顶层居民的室外活动空间。

（4）建议多层公寓在一层下修地下室，层高可小些，不碰头即可，分给上面住户，做仓库使用。

6. 住宅节能

（1）北方少雨，建议在落水管下设置雨水桶，用收集的雨水浇灌门前小院的绿化植被。

（2）建议每户都在房顶安装太阳能热水器，并使集热板与坡屋顶合一，成为屋顶的一部分。让每户都使用太阳这个无烟大锅炉，让全社会受益。

（3）建议开发适合每户单独使用的供暖系统，由用户自己按需采暖，例如上班族，白天多半时间不在家中，可将阀门开小，维持低温，这样就可大大减少能源浪费。

7. 在绿地设每周集市

在英国，每周日上午，公园的一角都会有个卖旧物的集市，各处的百姓都会将自己家中不用的物品，大到沙发、电视，小到不合适的衣物、鞋袜、玩具，拿到小集市上来卖。卖价大概在市场原价的1%到10%。人们用很低的价格就能买到称心的物品，这样做的主要目的不是为了个人营利，而是为了清除各家过时和不用的物品，有利于物品的重复利用，节约资源，低碳环保。

我们可以借鉴学习英国的这些做法，让低碳、可持续发展理念深入到我们生活中的每一个细节中。

此书在编写过程中得到纪晓海、崔岩先生的大力支持和帮助，不仅提供了很多英国实景照片，而且还对本书编写提出了宝贵意见，在此表示衷心的感谢！同时感谢所有支持、帮助本书出版的亲友们，是你们的宽容、理解和支持促成了本书的顺利出版。

因出版时间仓促，书中个别引用照片未联系到拍摄者，请拍摄者与作者联系，支付稿费。

作者简介

李凌云：
高级工程师
国家一级注册建筑师
1993年　取得大连理工大学建筑系硕士学位；
1993年至今　大连理工大学建筑设计院　副总工程师。

长期从事建筑设计工作，担任过几十项大型工程的项目负责人和设计人，多项设计获国家、省部、市级优秀设计奖。在国家级刊物上发表论文、论著十余篇。

建设更多优美、人性化、可持续发展的社区和住宅是当代建筑师的责任。　——李凌云

王之芬：
教授级高级工程师
国家一级注册建筑师
1961年　毕业于清华大学建筑系；
1961年—1968年　于吉林省建筑工程学院任教；
1969年—1979年　于武汉某工厂基建科进行工业建筑与结构设计并参与施工管理；
1980年　参与创办华中理工大学建筑系；
1986年　任职于大连理工大学建筑系；
1990年　转入大连理工大学建筑设计院。

一直在教学和设计实践中交替工作。多项建筑设计和论文在辽宁省、大连市获奖。

想当初，我们的梦想是为祖国健康工作五十年，在这个目标实现的时候，现在，我们仍希望为祖国添一份光，发一份热。　——王之芬

剑桥大学某学院